Karl Heinz Spitzer

Sperlingspapageien

Karl Heinz Spitzer

Sperlingspapageien

Arten und Rassen, Haltung und Zucht

30 Farbfotos
4 Verbreitungskarten
10 Zeichnungen

E.U.
VERLAG
EUGEN
ULMER

CIP-Titelaufnahme der Deutschen Bibliothek

Spitzer, Karl Heinz
Sperlingspapageien: Arten u. Rassen, Haltung u. Zucht/
Karl Heinz Spitzer. – Stuttgart: Ulmer, 1987
ISBN 3-8001-7193-7

Wollgrasweg 41, 7000 Stuttgart 70 (Hohenheim)
Printed in Germany
Einbandgestaltung: A. Krugmann mit einem Foto (Gelbmasken-Sperlingspapageien) von Hans Reinhard, Heiligkreuzsteinach
Satz: Typobauer Filmsatz GmbH, Ostfildern 3
Druck: Offsetdruckerei Karl Grammlich, Pliezhausen
Bindung: Verlags- u. Industriebuchbinderei W. Nething, Weilheim-Teck

Vorwort

In den letzten Jahren sind Vogelhalter dazu übergegangen, besonders die südamerikanischen Papageien und Sittiche vermehrt in ihren Bestand aufzunehmen und auch zu züchten. Hielt man bisher Amazonen, Aras und andere Arten als Einzeltiere, so steht heute die Nachzucht im Vordergrund und wird sicherlich noch mehr an Bedeutung gewinnen. Allein schon durch die internationalen Handelsbeschränkungen, die in Verbindung mit dem Washingtoner Artenschutzübereinkommen Neueinfuhren von gefangenen Wildvögeln kaum mehr zulassen, wird die Nachzucht der vorhandenen Bestände künftig die einzige Möglichkeit bleiben, südamerikanische Sittiche und Papageien in Europa weiterhin zu halten und zu bewundern.

Die Beliebtheit der Sperlingspapageien ist in den letzten 20 Jahren sprunghaft gestiegen und viele Züchter befassen sich ernsthaft mit dem Aufbau größerer Bestände. Leider werden aber durch Unkenntnis oft verschiedene Rassen, manchmal sogar verschiedene Arten miteinander vermischt, was absolut nicht im Sinne der Artenreinheit und des Artenschutzes ist.

Dies sind hauptsächlich die Gründe, die mich bewogen haben, dieses kleine Buch zusammenzustellen, um den Liebhabern dieser schönen Vogelgattung zu helfen, durch eine artgemäße Haltung und Zucht die einzelnen Arten und Rassen möglichst rein zu erhalten.

Herzlichen Dank darf ich dem Eugen Ulmer Verlag aussprechen, besonders den Herren Ulmer und Commerell für die spontane Zusage, diesen Plan zu verwirklichen. Mein besonderer Dank gilt Herrn Dr. Joachim Steinbacher, dem Mentor der deutschen Fachornithologen, der mir selbstlos und hilfreich zur Seite stand, wenn es galt, fachliche Details zu klären. Er hat nicht nur ermöglicht, über 100 Bälge zu begutachten, sondern auch das gesamte Manuskript durchgearbeitet und, wo nötig, verbessert.

Sehr hilfreich war mir die Unterstützung von Frau Westen und Herrn Frenger, sowie von vielen anderen Züchterkollegen innerhalb der AZ und der Arbeitsgemeinschaft Großsittiche und Papageien unter Leitung der Herren Kaeding und Bischoff.

Dank auch an die Fotografen Herrn Vins und Herrn Reinhard sowie Herrn Hoppe, der Biotopaufnahmen zur Verfügung stellte.

Mein Wunsch für die Zukunft wäre, daß dieses Büchlein dazu beiträgt, die Arten und Rassen der Sperlingspapageien klarer zu erkennen und richtig zu benennen, um dem Wirrwarr der bisherigen Bezeichnungen und Zuordnungen ein Ende zu setzen, zum Nutzen dieser schönen Vogelgattung.

Mosbach, im Juni 1987 Karl Heinz Spitzer

Inhaltsverzeichnis

Die zur Zeit am häufigsten in menschlicher Obhut vorkommende Sperlingspapageienart sind die Blaugenick-Sperlingspapageien (links Männchen, rechts Weibchen).

Einleitung

Bei einer Vogelausstellung stand eine Mutter mit ihrem Kind vor einer Voliere, in der ein Flug Sperlingspapageien untergebracht war. »Schau doch«, sagte sie zu ihrem Kleinen, »das sind Zwergpapageichen. Sind die nicht herrlich in ihren sattgrünen Farben? Ich habe gar nicht gewußt, daß es so kleine Papageien gibt.« Sie war einfach begeistert und konnte sich lange nicht von der Voliere trennen, zumal die Vögel wirklich munter waren und sich ohne Scheu bewegten. Jedesmal, wenn im Fliegen auch die schönen blauen Gefiederpartien zur Geltung kamen, ließ sie einen Laut des Entzückens hören.

So wie dieser Frau ging und geht es auch heute noch vielen Vogelfreunden. Sperlingspapageien haben erst in den sechziger und siebziger Jahren vermehrt Eingang bei den Liebhabern gefunden und sind auch erst von dann ab regelmäßig gezüchtet worden. Das mag daran gelegen haben, daß bis dahin vor allem die australischen Großsittiche zu den besonderen Favoriten der Vogelzüchter zählten. Aber auch die Vorliebe vieler Züchter, die sich nach dem 2. Weltkrieg Sittiche in Freivolieren hielten, mag ein Grund dafür sein. Die Australier haben sich schneller unseren Wetterbedingungen angepaßt, abgesehen von der unbestreitbaren Farbenprächtigkeit dieser Arten, insbesondere der Plattschweifsittiche.

Links oben: Innenflugvolieren mit Futtertisch, Futterautomat und Nistkästen.
Rechts oben: Futterbehälter für verschiedene Hartfuttersorten sowie Schalen mit Keimfutter und Karotten.
Unten: Wand mit Zuchtboxen.
Unten rechts: Frisch geschlüpfte Blaugenick-Sperlingspapageien.

Nicht vergessen darf man in diesem Zusammenhang die Unzertrennlichen aus Afrika. Diese kleinen Afrikaner, insbesondere das Rosenköpfchen *(Agapornis roseicollis)* ist heute derart zahlreich, auch in den verschiedensten Mutationen, bei Vogelzüchtern vertreten, daß Sperlingspapageien neben ihnen bisher wenig Chancen hatten. Sehr häufig gezüchtet werden auch Fischers Unzertrennliche *(A. fischeri)* und Masken-Unzertrennliche *(A. personata)*, sowie deren Mutationsformen, so daß eigentlich für die »Unzertrennlichen der Neuen Welt«, wie die Sperlingspapageien früher gelegentlich bezeichnet wurden, tatsächlich wenig Platz blieb.

Zwischenzeitlich haben jedoch immer mehr Vogelzüchter erkannt, daß Sperlingspapageien angenehme Hausgenossen sind. Ihre Stimme ist, im Gegensatz zu vielen amerikanischen Sittichen, relativ leise, und auch die *Agapornis*-Arten sind lauter.

Sperlingspapageien sind samt und sonders Bewohner der Tropen und Subtropen und daher kaum an Kälte gewöhnt. Vor allem nasse Kälte schadet ihnen sehr. Die Eingewöhnung frisch importierter Vögel war daher immer etwas problematisch und erforderte Unterbringungsmöglichkeiten, in denen die Temperatur nicht unter 10° C absinken konnte und auch für eine erfolgreiche Zucht war eine Mindesttemperatur von 15° C zwingend erforderlich. Allerdings passen sich die Folgegenerationen unserem Wetter besser an und heute schon werden auch Sperlingspapageien von Züchtern in Außenvolieren gehalten, zumindest in den frostfreien Monaten. Im Winter jedoch ist ein temperierter Innenraum unbedingt zu empfehlen, will man Schäden an den Zehen oder gar Totalverluste vermeiden.

Ein weiterer Grund, warum viele Züchter sich nicht den Sperlingspapageien zuwandten, waren die relativ häufigen Importe in den zwanziger und in den sechziger Jahren, als man diese Vögel billig erwerben konnte, so daß sich selten jemand den Mühen einer Zucht unterzog. Heute stellt man dies bedauernd fest, da Importe kaum noch zur Verfügung stehen und aus den geringen Beständen Zuchtstämme aufgebaut werden müssen. Bei einigen Arten ist das schon gut gelungen und ebenso ist dies für weitere Arten absehbar. Wir können uns also auch in der Zukunft an diesen netten kleinen Kobolden erfreuen.

Allerdings darf nicht verschwiegen werden, daß das größte Problem beim Aufbau von Zuchtstämmen nicht etwa in der schwierigen Züchtbarkeit liegt, sondern die Vermischung der einzelnen Rassen betrifft. Alle Arten der Sperlingspapageien züchten relativ leicht, wenn sie das geeignete Futter und den geeigneten Lebensraum vorfinden. Darüber wird bei den einzelnen Arten noch genauer berichtet. Was aber die Zucht so schwierig macht, sind die nur minimalen äußeren Unterschiede der Weibchen, insbesondere im Vergleich der einzelnen Rassen.

Die Gattung Sperlingspapageien *(Forpus)* umfaßt sieben Arten, die sich in insgesamt 14 Rassen aufteilen. Da die Weibchen vorwiegend grün sind und oft auch die gleiche Größe haben, lassen sie sich tatsächlich nur an kleinsten Merkmalen unterscheiden. Um so mehr muß der gewissenhafte Züchter diese Unterschiede beachten und darf nicht den Standpunkt vertreten: Hauptsache Nachzucht, egal welche Rasse. Wenn dann nicht nur Rassen vermischt werden, was dem besten Kenner einmal passieren kann, sondern auch Arten, hört alles Verständnis auf: Verpaarung verschiedener Arten ist Kreuzungszucht! Sie ist und bleibt verwerflich und dient weder der Wissenschaft noch der Arterhaltung und muß daher strikt abgelehnt werden. Artenreinheit ist in der heutigen Zeit, in der weltweit um den Bestand der Flora und Fauna gekämpft wird, oberstes Gebot für den Züchter. Nur so kann die Zucht von Vögeln, gleich welcher Art, in der Zukunft als Beitrag zur Erhaltung gefährdeter Arten anerkannt werden.

Systematische Ordnung der Sperlingspapageien

Ordnung: **Psittaciformes** – Papageien
Familie: **Aratingidae** – Neuweltpapageien
Unterfamilie: **Forpinae** – Sperlingspapageien
Genus: **Forpus** Boie 1858

Augenring-Sperlingspapagei
Forpus conspicillatus (Lafresnaye 1848)
Rassen: Meta-Augenring-Sperlingspapagei
F. c. metae (Borrero und Camacho)
Cauca-Augenring-Sperlingspapagei
F. c. caucae (Chaßman)

Blaubürzel-Sperlingspapagei
Forpus cyanopygius (Souancé 1856)
Rassen: Sonora-Blaubürzel-Sperlingspapagei
F. c. pallidus (Brewster)
Mexikanischer Insel-Sperlingspapagei
F. c. insularis (Ridgway)

Blauflügel-Sperlingspapagei
Forpus xanthopterygius (Spix 1824)
Rassen: Dickschnabel-Sperlingspapagei
F. x. crassirostris (Taczanowski)
Santa Cruz-Sperlingspapagei
F. x. flavescens (Salvadori)
Blaßgelber Blauflügel-Sperlingspapagei
F. x. flavissimus (Hellmayr)
Olalla-Blauflügel-Sperlingspapagei
F. x. olallae Gyldenstolpe
Kolumbianischer Sperlingspapagei
F. x. spengeli (Hartlaub)

Blaugenick-Sperlingspapagei
Forpus coelestis (Lesson 1847)
Keine Rassen

Gelbmasken-Sperlingspapagei
Forpus xanthops (Salvin 1895)
Keine Rassen

Grünbürzel-Sperlingspapagei
Forpus passerinus (Linné 1758)
Rassen: Amazonas-Grünbürzel-Sperlingspapagei
F. p. deliciosus (Ridgway)
Blaubug-Grünbürzel-Sperlingspapagei
F. p. cyanophanes (Todd)
Venezuela-Grünbürzel-Sperlingspapagei
F. p. viridissimus (Latresnaye)

Schwarzschnabel-Sperlingspapagei
Forpus sclateri (G.R. Gray 1859)
Rasse: *Forpus sclateri eidos* Peters

Haltung

Sperlingspapageien sind zierliche, kleine Vögel aus der großen Gruppe der amerikanischen Keilschwanzsittiche. Sie sind vorwiegend Bewohner der Tropen und Subtropen Mittelamerikas und des nördlichen Südamerikas und somit an Wärme gewöhnt. In unserem Klima sind sie nur in der wärmeren Jahreszeit in Außenanlagen zu halten. In der Winterzeit ist daher ein geheizter Innenraum zwingend notwendig. Hinzu kommt, daß einige Arten in den Monaten Oktober bis Januar ihre natürliche Brutzeit haben. Eine Umstellung ihrer Brutperiode auf unseren Jahresrhythmus setzt Brutfolgen über mehrere Generationen voraus.

Sperlingspapageien akklimatisieren sich zwar mit der Zeit bei uns, besonders die Arten, die auch im Freileben bereits in Gebieten leben, in denen die Temperatur nachts gelegentlich auch unter 10° C absinken kann, jedoch ist unser Winter mit Frostgraden unter 0° C für Sperlingspapageien unzuträglich. Jeder Liebhaber, der Sperlingspapageien halten will, sollte sich darüber im klaren sein, daß dafür zumindest über den Winter ein frostfreier Raum zur Verfügung stehen muß.

Beste Bedingungen für die Haltung bietet ein Raum, in dem die Temperatur nicht unter 10° C absinkt und während der Zuchtzeit nicht unter 15° C.

Vogelhaus

Die ideale Anlage für Sperlingspapageien ist ein beheizbares Vogelhaus, das innen in Einzelboxen aufgeteilt ist und dem nach außen Volieren angeschlossen sind. Im Sommer kann man die Vögel nach außen fliegen lassen, im Winter bleibt der Ausflug geschlossen. Eine solche Anlage läßt sich auch mit diversen anderen Vogelarten besetzen, da Sperlingspapageien mit vielen Vogelarten gut in Gemeinschaften zu halten sind.

Ein beheizbares Vogelhaus setzt allerdings ein aufwendiges Bauen voraus, besonders wenn es als separates Bauwerk im Garten erstellt wird. Es müssen wenigstens 80 cm tiefe Fundamente vorhanden sein, auf denen festes, mit einer Isolierung versehenes Mauerwerk zu stehen kommt. Der Fußboden besteht aus Beton, der ebenfalls mit Isolierstoff (Styropor usw.) wärmegesichert wird. Die Dachkonstruktion wird ebenfalls isoliert und besitzt nach unten hin eine stabile Decke. Die Fenster, möglichst zur Südseite, erhalten eine Doppelverglasung. Man kann aber auch anstelle von Glas unzerbrechliche Kunststoffwabenscheiben verwenden, die sehr gut isolieren. Ein Architekt kann einem dazu noch weitere praktische Hinweise geben. Für ein solches Bauwerk ist in jedem Falle eine Baugenehmigung notwendig.

Falls die Beheizung an die Hausheizung angeschlossen werden kann, ist dies wahrscheinlich die billigste und sauberste Methode, vorausgesetzt, man hat eine Warmwasserheizung. Eine Elektroheizung ist im Verbrauch wesentlich teurer, es sei denn, man erhält verbilligten Nachtstrom und verwendet Nachtspeicheröfen. Beide Heizmethoden haben den Vorteil, daß sie völlig ungefährlich sind, da sie keine direkten Feuerstellen im Raum haben. Nimmt man einen Gas-, Kohle- oder Ölofen, so ist dies zunächst von der Einrichtung her zwar billiger, später im Verbrauch jedoch nicht unbedingt. Außerdem ergibt sich bei diesen Heizungssystemen mehr Arbeitsaufwand und bei einer Gasheizung kann auch einmal unbemerkt Gas ausströmen. Das Angebot ist vielfältig und man läßt sich am besten von einem Fachmann beraten. Es würde den Rahmen dieses Buches sprengen, wollte man die Einzelheiten eines solchen Bauwerkes beschreiben.

Zuchtboxen

Bei der Einrichtung der Einzelboxen in einem Vogelhaus stellt sich eine grundsätzliche Frage: Man muß sich im klaren sein, ob man seine Vögel nur halten will, in möglichst bunter und vielfältiger Zahl, oder ob man züchten will. Wer züchten will, muß von vornherein dafür sorgen, separate Einzelboxen für jedes Zuchtpaar zu schaffen. Da Sperlingspapageien in Boxen von ca. 1,20 m Länge sich paarweise halten lassen und darin auch zur Zucht schreiten, kann man mit kombinierten Boxen an der Rückwand des Raumes viele Paare auf verhältnismäßig kleinem Raum unterbringen. Solche kombinierten Boxen bzw. eine solche Käfigwand werden heute von mehreren Fachgeschäften in sehr guter Qualität angeboten. Wer kein ausgesprochener Hobbybastler ist, dem ist der Kauf einer Käfigwand nur zu empfehlen. Außerdem sind diese Boxen so konstruiert, daß man sie jederzeit auf- und abschlagen kann. Die Gitter bestehen aus verchromten Längsstäben und sind auswechselbar. Die Schubfächer sind aus verzinktem eloxiertem Blech hergestellt und die Wände aus beidseitig kunststoffbeschichteten Hartfaserplatten. Solche Boxen, meist noch mit Nistkästen kombiniert, lassen sich leicht reinigen und von Ungeziefer freihalten. Kombinierte Käfigwände haben sich besonders in der Wellensittich- und Kanarienzucht vielfach bewährt und aufgrund meiner eigenen Erfahrungen kann ich sie auch für eine Sperlingspapageienzucht empfehlen.

Innenflugvolieren

Der Raum vor der Käfigwand, auf die Fensterseite zu, wird in einzelne Flugvolieren unterteilt. Die Tiefe einer Flugvoliere richtet sich nach der Breite des Raumes, sollte aber nicht weniger als 1 m betragen, während die Länge bei 2 m Mindestmaß liegt. In diese Flugvolieren, im Sommer kombiniert mit den Außenvolieren, kommen die Jungvögel. Auch Altpaare lassen sich unter Umständen außerhalb der Zuchtzeit in solchen größeren Räumen gemeinschaftlich halten. Die Erfahrung hat gezeigt, daß Zuchtpaare verschiedener Arten in der Ruhezeit besser in Gemeinschaft gehalten werden können als Paare der gleichen Art. Streitsüchtige Individuen gibt es jedoch immer, auch bei den Sperlingspapageien.

Als Material für die Innenvolieren eignen sich am besten kunststoffbeschichtete Spanplatten, während man für die Trennwände Rahmen aus Aluwinkelstäben oder verzinkten Eisenstäben und Draht aus feuerverzinktem, geschweißtem Vierkantgeflecht verwendet. Selbstverständlich ist es einfacher und billiger, Vierkantholzrahmen zu verwenden, man darf dabei aber nicht vergessen, daß alle Krummschnäbel gerne nagen. Wenn Holz verwendet wird, empfiehlt es sich daher, die Rahmen nach außen zu stellen und den Draht auf der Innenseite anzubringen. Zusätzlich kann man noch an der Innenseite verzinkte Blechstreifen über die Rahmen nageln.

In jedem Fall sollte man bei den Innenvolieren auch darauf achten, daß sie leicht sauber zu halten sind und Ungeziefer möglichst wenig Gelegenheit zum Unterschlupf bieten. Auf Metallrahmen hält sich Ungeziefer schlecht, sie sehen gut aus, halten Jahrzehnte und benötigen keine Wartung. Kunststoffspanplatten können an den Ritzen versiegelt werden und sind abwaschbar. Holz dagegen muß erst entsprechend behandelt werden, braucht öfter einen Anstrich, läßt sich schwerer reinigen und bietet dem Ungeziefer reichlich Unterschlupf.

Außenvolieren

Das für die Innenvolieren Gesagte gilt in verstärktem Maße für Außenvolieren. Hier ist das

Holz noch zusätzlich der Verwitterung ausgesetzt und muß daher jedes Jahr neu gestrichen werden. Ebensowenig empfehlen sich Eisenwinkelstäbe oder Eisenrohre, da auch der Rost manchen Kummer bereitet. Aluwinkelstäbe sind für die Außenvoliere nur bedingt zu empfehlen, weil sie im Winter bei größeren Schneelasten nicht stabil genug oder entsprechend stark dimensioniert nahezu unerschwinglich sind. Gut bewährt hat sich verzinktes Rohr oder verzinktes Winkeleisen, und auch verzinktes Vierkantrohr eignet sich sehr gut.

Bei Außenvolieren empfiehlt sich ein Betonfundament im Boden in jedem Fall. Es sieht nicht nur besser aus und bietet der Voliere eine bessere Standfestigkeit, sondern schützt auch vor Nagern und sonstigem Raubzeug. Deshalb sollte das Fundament wenigstens 70–80 cm tief sein, dann ist es auch frostsicher und hebt sich nicht im Frühjahr, wenn der Boden auftaut.

Als Drahtbespannung verwendet man auf alle Fälle den punktgeschweißten Vierkantdraht, da dieser wesentlich stärker und haltbarer ist als sechseckiges Drahtgeflecht. Die Drahtstärke sollte 1 mm, besser 1,2 mm betragen und die Maschenweite nicht mehr als 10 mm sein, so daß auch junge Mäuse nicht hindurchschlüpfen können. Die Befestigung an der Rahmenkonstruktion ist etwas aufwendiger. Beim Vierkantprofil kann man Flacheisen mit selbstschneidenden Schrauben anbringen, an denen der Draht festgeklemmt wird. Bei einer Konstruktion aus Vierkantrohren fertigt man am besten gesonderte Winkelrahmen an, in die der Draht mit einem zweiten Winkeleisen oder Flacheisen eingeklemmt wird. Den Rahmen schraubt man dann an das Volierengestell. Da der Draht normalerweise in 1 m Breite geliefert wird, müssen die Rahmen auf dieses Maß abgestimmt werden. So vermeidet man das lästige Drahtschneiden und unnötigen Abfall.

Der Boden in der Außenvoliere läßt sich zwar auch zubetonieren, man hat dann aber Mühe mit dem Regenwasser. Einfacher ist es, den Mutterboden 20 cm abzuheben und Kies aufzufüllen. Es genügt, wenn man dann alle 4 Wochen die oberste Schicht abkratzt, und im Frühjahr den Rest entfernt und durch neuen Kies ersetzt. Die Kiesfüllung ist deshalb notwendig, um einen wilden Pflanzenwuchs zu verhindern, ferner um die Bodenfeuchtigkeit zu senken, da Kies wasserdurchlässig ist und nach Regen schnell abtrocknet. Kies schützt auch vor Schimmelbildung, hält Regenwürmer als Krankheitsüberträger fern und absorbiert den Kot besser. Je trockener eine Voliere ist, desto weniger Krankheiten sind zu befürchten. Wurmeier trocknen bei Sonnenbestrahlung schon in wenigen Stunden aus, halten sich dagegen im feuchten Boden sehr lange und können sogar Frost überstehen. Im Kapitel Krankheiten wird darauf näher eingegangen.

Sitzstangen

Ein wichtiger Punkt betrifft das Anbringen der Sitzstangen. Dabei ist besonders darauf zu achten, daß die Sitzstangen im Innenraum, die zur Übernachtung benutzt werden, höher anzubringen sind, als die im Außenraum. Man veranlaßt dadurch die Vögel, freiwillig am Abend den Innenraum aufzusuchen. Andernfalls hängen sie sich ans Gitter der Außenvoliere, möglichst hoch in den Ecken, und sind der Gefahr ausgesetzt, von Raubzeug verletzt oder gar getötet zu werden. Die Sitzplatzwahl läßt sich durch Anbringen kurzer Stangen, die gerade für ein Paar reichen, sehr gut beeinflussen. Diese kurzen Sitzstangen für die Übernachtung sollten an einem zugfreien Platz, möglichst nicht an der Außenmauer, angebracht sein. Die Anzahl solcher Übernachtungsplätze muß der Zahl der Vögel entsprechen.

Alle weiteren Sitzstangen sind so anzubringen, daß sie den Flug der Vögel möglichst wenig behindern. Auch natürliche Äste, vor allem Obstbaumäste oder Zweige, eignen sich gut als Sitzplätze und werden zusätzlich gerne benagt.

Gleichgültig, für welche Art der Anbringung man sich entscheidet, die Stangen oder Äste dürfen niemals angenagelt werden. Sitzstangen muß man von Zeit zu Zeit abnehmen und reinigen, Naturäste werden entfernt und durch neue ersetzt. Es gibt hierfür auf dem Markt spezielle Halterungen, in die der Ast oder die Stange gesteckt und verschraubt wird. Bastler können solche Vorrichtungen auch selbst herstellen, z. B. einfache Bleche mit keilförmigen Einschnitten, in die man die Stangen eindrückt.

Es ist selbstverständlich, daß über Futter- und Wasserstellen keine Sitzstangen angebracht sein sollen. Überhaupt kann man durch zuviel Stangen und Äste sich selbst das Leben schwer machen. Je einfacher, je besser für die Sauberhaltung, und die Vögel haben mehr Flugraum.

Ernährung

Oberstes Gebot eines jeden Vogelhalters muß sein, seine Pfleglinge artgerecht und ausreichend zu füttern. Hierbei ist es das kleinere Problem ausreichend zu füttern, schwieriger dagegen die richtige Ernährung zusammenzustellen.

Ehe darauf im einzelnen eingegangen wird, ist zunächst einmal festzustellen, was der Vogel benötigt, um gesund existieren zu können.

1.) Grund- und Nährstoffe:
Eiweiße, Fette, Kohlenhydrate
2.) Aufbau- und Wirkstoffe:
Vitamine, Aminosäuren, Mineralsalze, Spurenelemente
3.) Trinkwasser.

Das Futter, das sich der Vogel im Freileben zu seiner Ernährung sucht, kann ihm bei der Haltung nicht immer geboten werden. Aber auch das Futterangebot in der Natur wechselt im Laufe eines Jahres und jeder Vogel stellt sich darauf ein. Es kommt also nicht unbedingt nur auf eine bestimmte Futterart an, sondern daß das Futter die benötigten Nähr- und Wirkstoffe enthält.

Außerdem befindet sich das Futterangebot im Freileben meist in verschieden weit fortgeschrittenem Reifezustand. Auch das können wir herbeiführen, indem wir Hartfutter zum Keimen bringen oder entsprechendes Futter in verschiedenem Reifegrad auswählen. Wenn man Hartfutter und Keimfutter mit dem je nach Jahreszeit zur Verfügung stehenden Grünfutter ergänzt, dürfte damit eine Ernährung gegeben sein, die dem Vogel ein langes und gesundes Leben sichert.

Entscheidend kommt es auch darauf an, wie das Futter dargereicht wird. Sperlingspapageien sind Baumbewohner und ernähren sich vorwiegend auf Bäumen und Büschen. Sie nehmen so gut wie kein Futter vom Boden auf, wie dies z.B. bei den australischen Grassittichen *(Neophema)* üblich ist. Dies bedeutet, daß man in Flugvolieren das Futter an einem erhöhten Standort anbieten muß. Ein Futtertisch, möglichst freistehend und damit mäusesicher, ist ideal. Dort verteilt man die einzelnen Futtersorten in Porzellanschalen, die leicht und hygienisch einwandfrei zu reinigen sind. Ein sauberer Futterplatz ist die beste Vorsorge gegen Verwurmung und andere Krankheiten. Die Gesundheit der Vögel beginnt mit sauber dargereichtem Futter und Trinkwasser.

Grundfutter

Alle Sperlingspapageien sind sogenannte Körnerfresser, was nicht bedeutet, daß sie nicht auch Früchte und Grünfutter annehmen. Wir sind aber mit Hart- oder Körnerfutter, dem Grundfutter, in der Lage, eine Nahrungsgrundlage zu bieten, die den Vogel ausreichend ernährt, selbst wenn ihm sonst kein weiteres Futter zur Verfügung steht.

Von den Getreidearten eignen sich dazu am besten die Hirse, der Glanzsamen und geschälter Hafer. Diese drei Futtersorten bestehen zu über 50% aus Kohlenhydraten, während der Eiweißanteil etwa bei 20% liegt, der Fettanteil dagegen gering ist und weniger als 5% beträgt.

Oben: Das Verbreitungsgebiet der Augenring-Sperlingspapageien erstreckt sich von den Dschungelgebieten im östlichen Panama bis in die Bergregionen Venezuelas.
Unten: Der Lebensraum der Blauflügel-Sperlingspapageien ist vielfältig. Bewaldete Flußregionen werden trockenem Buschland vorgezogen.

Der Rest besteht aus Rohfasern, die für die Verdauung wichtig sind. Diese drei Futtersorten stehen das ganze Jahr über unbegrenzt zur Verfügung. Voraussetzung ist, daß es sich um einwandfrei gelagertes Material handelt, das weder ranzig noch stickig, noch schimmelig oder sonstwie verunreinigt ist. Auch sollte man darauf achten, daß das angebotene Futter möglichst aus der letzten Ernte stammt, denn es verliert durch lange Lagerung an Nährstoffwerten. Eine zusätzliche Keimprobe gibt noch genauere Auskunft: Futter, das nicht keimt, ist wertlos.

Die Hirse wird in verschiedenen Sorten angeboten. Für Sperlingspapageien eignet sich am besten die Silberhirse. Besonders gern wird vor allem Kolbenhirse genommen. Da sie nicht billig ist, wird man sie meist nur dosiert geben. Sie eignet sich ganz besonders zur Eingewöhnung neu erworbener Vögel, da sie im allgemeinen als erstes Futter angenommen wird. Auch zur Zuchtzeit sollte sie im Futtersortiment nicht fehlen.

Glanzsamen, auch Kanariensaat genannt, ist unter den Getreidesorten das beliebteste Futter. Aber auch Hafer, besonders geschälter Hafer bzw. Nackthafer, wird gerne genommen. Mais und Reis ist in trockenem Zustand für Sperlingspapageien zu hart. Mais und Reis eignet sich nur, wenn er im Wasser aufgeweicht (gequollen) wird. Dagegen wird Mais in halbreifem Zustand sehr gern genommen. Das gilt auch für Grassamen und andere Sämereien wie z.B. Nachtkerzensamen.

Ebenfalls zur Grundernährung der Sperlingspapageien zählen noch die fetthaltigeren Sämereien: Sonnenblumenkerne, Hanf und Negersaat, während Mohn und Rübsen bei der Ernährung der Sperlingspapageien keine Rolle spielen und deshalb unbeachtet bleiben können. Alle diese Futtersorten haben einen relativ hohen Rohfettanteil, der bei etwa 50% und darüber liegt. Ihr Eiweißanteil beträgt etwa 20%, während Kohlenhydrate unter 10% liegen. Aufgrund ihrer Zusammensetzung bieten diese Futtersorten die notwendige Ergänzung zu den Getreidearten. Allerdings darf nicht verschwiegen werden, daß ihr hoher Fettanteil auch Probleme bringen kann. Zwar kann an kälteren Tagen und besonders während der Aufzuchtzeit eine größere Menge fetthaltiger Sämereien verfüttert werden, jedoch verfetten die Vögel leicht bei zu reichlicher Gabe während der Ruhezeit. Es ist deshalb anzuraten, Sonnenblumenkerne, Hanf und Negersaat nur in separaten Schälchen zu verfüttern. So kann man die Futteraufnahme der einzelnen Futtersorten besser kontrollieren. Bei den Fettsämereien kann man auch abwechseln, einen Tag oder eine Woche Sonnenblumen, dann nur Hanf, dann wieder nur Negersaat usw. Man zwingt so die Vögel, auch die anderen Futtersorten zu beachten und aufzunehmen. In der Praxis ergibt sich jedoch, daß die allermeisten Sperlingspapageien zuerst die Fettsämereien, besonders Hanf, verzehren. Und wenn ihnen dieses Futter ständig zur Verfügung steht, bleiben oft die anderen Sämereien unbeachtet. Das Ergebnis ist eine einseitige Ernährung mit allen negativen Folgen wie Verfettung, Darmstörungen, Federfressen, schlechte oder keine Bruterfolge und meistens vorzeitiger Tod. Es empfiehlt sich deshalb, nach Möglichkeit alle Futtersorten separat zu reichen. Nur dann ist überhaupt eine Kontrolle mit zeitweisem Entzug der Fettsämereien möglich. Außerdem spart man Futter, denn ein Futtergemisch bringt die Vögel keinesfalls dazu, alles aufzunehmen. Im Gegenteil, sie werfen das weniger geschätzte Futter aus dem Napf und fressen nur, was ihnen beliebt. Futter auf dem Boden wird nicht mehr beachtet.

Oben links: Brutbaum des Grünbürzel-Sperlingspapageis in Guayana.
Oben rechts: Dschungelregion in Panama.
Unten: Nordwest-Mexiko, die Heimat der Blaubürzel-Sperlingspapageien.

Keimfutter

Durch das Keimen von Körnern erschließen sich wertvolle Nährstoffe, die dem Vogel zugute kommen. Die meisten Sperlingspapageien ziehen angekeimtes Futter dem Hartfutter vor. Zusätzlich werden dabei wichtige Vitamine aufgenommen, vor allem Vitamine der B-Reihe und das E-Vitamin (Fortpflanzungsvitamin).

Als Keimfutter eignen sich alle Getreidearten, aber auch Sonnenblumenkerne. Bevorzugt wird Keimfutter aus Hirse und Glanzsamen zubereitet. Für Sperlingspapageien empfehlen sich außerdem Zugaben von Sonnenblumenkernen, die besonders gern angenommen werden.

Die Zubereitung des Keimfutters erfordert einige Sorgfalt, vor allem in der warmen Jahreszeit. Sehr leicht säuert das Futter dann und ist nicht mehr zum Verfüttern geeignet. Besonders gefährlich ist Schimmelbildung. Absolute Sauberkeit und Reinlichkeit ist die Voraussetzung für ein wertvolles Keimfutter.

Die Zubereitung kann in etwa wie folgt vorgenommen werden: Das vorgesehene Hartfutter wird in einem Gefäß mit lauwarmem Wasser eingeweicht. Am nächsten Tag wird das Wasser durch ein Sieb abgeschüttet, die Körner werden unter dem Wasserstrahl gut abgewaschen und dann nochmals mit frischem Wasser in das gesäuberte Gefäß zurückgegeben, in dem sie eine weitere Nacht verbleiben. Die gleiche Reinigungsprozedur wird wiederholt und die Körner dann auf einer flachen Schale ausgebreitet und mit einem sauberen feuchten Tuch abgedeckt. Am darauffolgenden Tag brechen gewöhnlich die Keime durch die Schale und können verfüttert werden. Der ganze Vorgang dauert somit etwa 3 Tage und Nächte. In der warmen Jahreszeit, bzw. bei Temperaturen über 22° C, geht es gewöhnlich noch schneller.

Wenn man täglich Keimfutter füttern will, benötigt man daher 3 aufeinanderfolgende Vorkeimstufen. Es sollte nur so viel Keimfutter den Vögeln angeboten werden, als diese innerhalb eines Tages fressen. Herausgewachsene Keimlinge werden von den Sperlingspapageien meistens verschmäht.

Grünfutter und Futterpflanzen

Die wildwachsenden Futterpflanzen, die für die Sperlingspapageien geeignet sind, haben nur den einen Nachteil, daß sie nicht das ganze Jahr über wachsen. Mit dem nötigen Zeitaufwand lassen sich jedoch schon vom zeitigen Frühjahr bis zum Spätherbst die verschiedensten Pflanzen oder Früchte finden.

Fast im gesamten Zeitraum wächst an Wegrainen, in Gärten, in Weinbergen und auf Schutthalden die Vogelmiere *(Stellaria media)*. Dieses Wildkraut, das manchen Gartenliebhaber zur Verzweiflung bringt, ist wohl das am liebsten genommene Grünfutter. Die Vogelmiere hat außerdem noch den Vorteil, fast ständig Fruchtstände in allen Reifegraden hervorzubringen. Diese sind natürlich besonders beliebt, aber auch die Blätter und Stengel werden gefressen. Mit genügend Vogelmiere braucht man kaum noch anderes Aufzuchtfutter, um eine Brut gut hochzubringen.

Ebenso beliebt ist Hirtentäschel *(Capsella bursa-pastoris)*. Es wächst fast an der gleichen Stelle wie die Vogelmiere, dazu noch auf Äkkern. Bevorzugt werden hier die herzförmigen Fruchtstände genommen, weniger die Stengel. Im gleichen Wachstumsbereich findet man auch das Kreuzkraut *(Senecio vulgaris)* und jahreszeitlich etwas später die Gänsedistel *(Sonchus oleraceus)*, den Flohknöterich *(Polygonum persicaria)* und die Wegwarte *(Cichorium intybus)*. Auch bei ihnen werden hauptsächlich die Fruchtstände bevorzugt. Man sollte deshalb nur abgeblühte Pflanzen sammeln. Eines dieser sogenannten Unkräuter soll nicht vergessen werden, der Löwenzahn *(Taraxacum officinale)*. Von ihm werden nur die verblühten Köpfchen gesammelt, bevor sie aufbrechen und zu der beliebten Pusteblume für Kinder werden. Die Sperlingspapageien nagen die Hüllen auf, fressen aber nur den Samen. Die Voliere oder der Flugkäfig sehen dann entsprechend aus, denn die kleinen weißen Fallschirmchen, die nicht mitgefressen werden, fliegen überall herum. Auf Wiesen und Feldwegen findet man häufig den Spitz- und den Breitwe-

Hirtentäschel

Ampfer-Knöterich

Vogelmiere

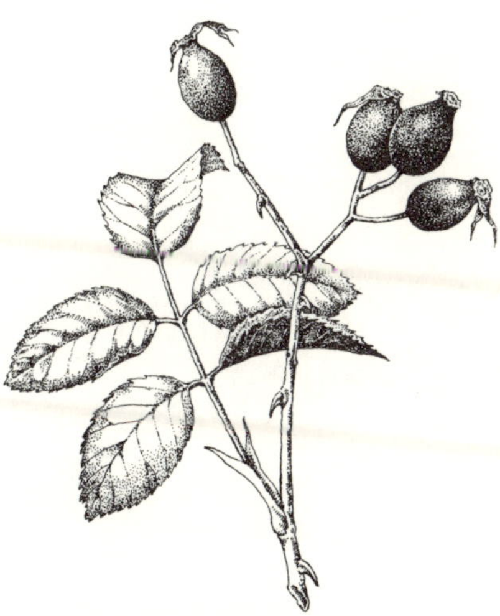

Gemeine Heckenrose

Roter Feuerdorn

Wiesen-Rispengras

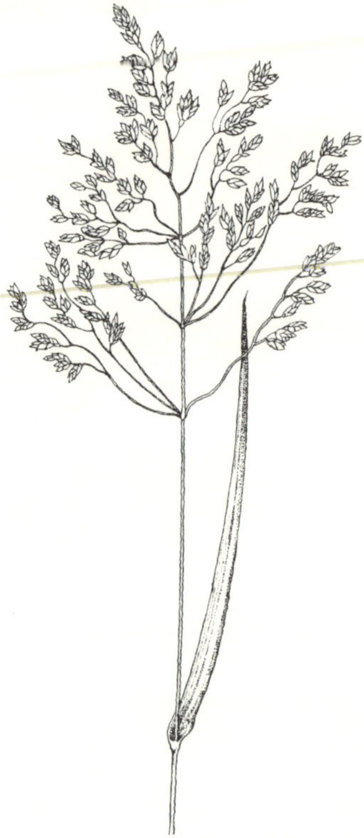

Floh-Knöterich

Löwenzahn

Acker-Kratzdistel

Vogelbeerbaum

gerich *(Plantago)* und im Herbst auch die Akkermelde *(Atriplex)*. Deren Fruchtstände werden sehr gerne in allen Reifegraden gefressen.

Alle die bisher aufgeführten Pflanzen sind Grünpflanzen und kaum haltbar, daher nicht ständig, sondern nur in frischem Zustand zu verfüttern. Die Reste müssen am nächsten Tag unbedingt entfernt werden, weil sonst Fäulnis und Zersetzung einschließlich Schimmelbildung möglich sind. Außerdem ist beim Sammeln darauf zu achten, daß in der Umgebung keine Spritzmittel zum Einsatz gekommen sind, dies hätte für die Vögel fatale Folgen.

Jahreszeitlich leider nur begrenzt lassen sich Rispengräser *(Poa annua)* im halbreifen Zustand sammeln. Ebenso aber auch alle Getreidesorten, bevor sie ausreifen und die Körner hart geworden sind. Sehr gern genommen werden halbreife Maiskolben, die Sperlingspapageien nagen die Kolben bis zum Stengel ab. Die Blätter müssen zuvor allerdings entfernt werden. Solange die Körner noch weiß sind, lassen sich die Kolben für die Winterzeit außerdem einfrieren. Falls man Mais nicht selbst anbaut, kann man gegen Entgelt bei manchem Bauern vor der Ernte einige Kolben abernten. Der Anbau von Hirse bietet ebenfalls noch eine Möglichkeit, den Vögeln ein beliebtes Futter zu bieten. Hirse reift in unseren Breitengraden selten aus, aber Rispen in halbreifem Zustand finden sich allemal.

Sperlingspapageien fressen auch gerne Beeren, die in unseren Gärten reifen, besonders rote und schwarze Johannisbeeren. Und ebenso werden Wildbeeren und Beeren von Parksträuchern zur Reifezeit angenommen. Sehr beliebt sind auch die gelben Beeren des Sanddorns *(Hippophae rhamnoides)*, ebenso wie die roten Beeren des Feuerdorns *(Pyracantha coccinea)*. Die Beeren der heute oft angepflanzten Eberesche, auch Vogelbeeren genannt, stehen reichlich zur Verfügung und können trocken gelagert verhältnismäßig lange Zeit aufbewahrt werden. Nicht vergessen sei die allseits bekannte Hagebutte, die Frucht der Heckenrose. In unseren Parks findet sich auch die Hundsrose, die schon im Sommer große rote Früchte trägt, die ein begehrter Leckerbissen für Sperlingspapageien sind. Hagebutten sind besonders reich an Vitaminen. Auch sie können eine begrenzte Zeit gelagert werden.

Wie bereits zu Anfang erwähnt, sind alle die aufgeführten Kräuter, Beeren und Früchte nicht das ganze Jahr über zu erhalten. Dennoch lassen sich die Wintermonate sehr gut überbrücken mit Früchten, die bei uns ganzjährig erhältlich sind, nämlich Äpfel und Karotten. Bei den Äpfeln sind die süßen Sorten beliebter. Abwechslungsweise mit Karotten dargeboten, sorgen besonders die letzteren für die notwendige Vitaminzufuhr im Winter. Manche Spezies nehmen nach Gewöhnung auch Bananen und Feigen, doch sind diese teuren Früchte nur für die Aufzucht notwendig.

Schließlich kann man noch Spinat, Salat oder Kresse in Kästen aussäen, vorausgesetzt man hat warme und helle Räume zur Verfügung, die ein Wachstum im Winter ermöglichen. Diese Kästen mit den Pflanzen stellt man am besten zu den Vögeln, die das Grünzeug meist samt der Stiele verzehren.

Sehr gerne benagen die Sperlingspapageien Obstbaumzweige. Zunächst werden die Knospen abgenagt und dann die Zweige regelrecht abgeschält. Angesichts einer Vergiftungsgefahr sollte man jedoch auf ungespritzte Zweige achten. Auch Zweige des Flieders werden ebenso gerne genommen wie die Zweige der Saalweide. Nicht geeignet wegen ihres Harzgehaltes sind Nadelbäume.

Wie man sieht, gibt es in der Natur ein breites Futterangebot, so daß der Halter seine Vögel das ganze Jahr über optimal versorgen kann. Mühe und Zeit darf man allerdings nicht scheuen, aber die Vögel lohnen es durch Gesundheit, Zuchtbereitschaft und lange Lebensdauer.

Vitamine, Mineralstoffe, Spurenelemente

Bei einer Ernährung, wie sie in den vorausgegangenen Abschnitten beschrieben wurde, erhalten die Vögel normalerweise alle Wirkstoffe, die sie zu ihrer Gesundheit benötigen. Voraussetzung dafür ist auch ausreichendes Licht, da manche Vitamine nur mit Hilfe der ultravioletten Strahlen vom Körper verwertet werden können.

Die Wirkstoffe kann man in zwei Gruppen unterteilen: die organischen Wirkstoffe (Vitamine) und die anorganischen Wirkstoffe (Spurenelemente und Mineralstoffe).

Die organischen Wirkstoffe werden vom Körper nicht gespeichert. Dies bedeutet, daß die Vitamine täglich neu aufgenommen werden müssen. Ist dies nicht der Fall, entsteht eine typische Mangelkrankheit, die Avitaminose. Eine solche Avitaminose war jahrhundertelang die Geisel der Seefahrt, die Beriberi-Krankheit (Skorbut), ehe man herausfand, daß frische Zitronen diesem Übel ein Ende bereiteten. Heute wissen wir, warum dies so ist und können davon ausgehen, daß die Wirkstoffe, die zur Gesunderhaltung des menschlichen Körpers wichtig sind, auch beim Tier und Vogel in etwa die gleiche Wirkung erzielen.

Vitamine werden in zwei Gruppen eingeteilt, in wasserlösliche und fettlösliche.

Wasserlöslich sind die Vitamine der B-Reihe und die Vitamine C und H, die über das Trinkwasser zusätzlich verabreicht werden können. Der Handel bietet genügend Vitamin-Kombinationen an. Eine Überdosierung sollte möglichst vermieden werden. Allerdings scheidet der Körper eine Überdosis dieser Vitamingruppe meist wieder aus, ohne daß es zu gesundheitlichen Schäden kommt.

Ganz anders verhält es sich bei den fettlöslichen Vitaminen, zu denen die Vitamine A, D, E und K gehören. Hier kann eine überhöhte Dosis eine Hypervitaminose auslösen und Krankheitsbilder beim Vogel hervorrufen, die meist unerkannt bleiben, aber bis zum Tod führen können. Auf eine genaue und strenge Dosierung ist also zu achten.

Nachfolgend ein kurzer Überblick (ohne Anspruch auf Vollständigkeit), welche Wirkung die Vitamine haben und in welchen Pflanzen sie vorkommen.

Vitamin A (Retinol)
- zur Gesunderhaltung der Haut, wachstumsfördernd
- enthalten in Karotten, Mais, Spinat, Grünpflanzen, Lebertran

Vitamin B_1 (Thiamin)
- stoffwechselfördernd, zur Umwandlung der Kohlenhydrate und zum Aufbau des Gewebes (Muskeln usw.)
- enthalten in Pflanzenkeimlingen, Saaten, Weizen, frischen Früchten

Vitamin B_2 (Bioflavin)
- zum Stoffwechsel und für Steuerungsfunktion des Wachstums
- enthalten in Lebertran, Eiern, Weizen, Soja

Vitamin B_6 (Pyridoxal)
- wachstumssteuernd, blutbildend
- enthalten in keimendem Körnerfutter

Vitamin B_{12} (Lobalamin)
- wichtig für den gesamten Stoffwechsel, wachstumsfördernd
- enthalten in Eiern, Leber, Fischmehl

Vitamin C (Ascorbinsäure)
- Immunwirkstoff zur Abwehr von Krankheiten und zur Aktivierung von Hormonen und Fermenten
- enthalten in fast allen Grünpflanzen, Gemüse, vor allem in Obst und Kartoffeln, Spinat und Grünkohl, Hagebutten
- verflüchtigt bei Erhitzung

Vitamin D (Calciferol)
- zum Aufbau der Knochen
- enthalten in Leber, Eiern, Lebertran, Pflanzenölen

Vitamin E (Tocopherol)
- fördert die Geschlechtsfunktion
- enthalten in Keimlingen und keimfähigen Saaten

Vitamin H (Biotin)
- fördert die Federbildung und die Hautstruktur, stärkt die Nerven
- enthalten in Honig, Eidotter, Melasse

Vitamin K
- zur Regulation der Gerinnungsfähigkeit des Blutes
- enthalten in Hanf, Gemüse, Grünzeug, Spinat, Karotten

Mineralstoffe und Spurenelemente sind mehr oder weniger in allen Grünpflanzen enthalten. Trotzdem ist dies, besonders zur Zuchtzeit nicht ausreichend. Der Vogel benötigt zusätzlich Futterkalk, der ihm das ganze Jahr zur Verfügung stehen sollte. Guter Futterkalk ist im Handel erhältlich, wobei darauf zu achten ist, daß er folgende Mineralstoffe enthält: Soda, Phosphor, Mangan, Magnesium, Jod, Eisen, Kupfer, Kobalt und Pottasche. Diesen Futterkalk kann man dem Aufzuchtfutter beimischen, sollte ihn aber in einem extra Gefäß und möglichst nicht am Futterplatz, noch zusätzlich anbieten. Speziell gefertigte Kalksteine sind ebenfalls verwendbar. Auch Sepiaschale (Rückenschulp des Tintenfisches) wird gerne beknabbert. Wenige Tropfen Lebertran während der Legezeit unter das Weich- oder Keimfutter gemischt, helfen durch das darin enthaltene Vitamin D den Kalkhaushalt des Körpers zu unterstützen (Knochenbildung).

Aufzuchtfutter

Sperlingspapageien füttern ihre Jungen aus dem Kropf, beginnend mit dem 1. Tag nach dem Schlüpfen bis etwa 3 Wochen nach Verlassen des Nistkastens. Der verabreichte Futterbrei muß in den ersten Tagen besonders fein sein. Zu diesem Zwecke wird ein spezielles Sekret im Kropf abgesondert, die sogenannte Kropfmilch. Grundsätzlich füttert das Männchen das Weibchen mit bereits vorverdautem Futter aus dem Kropf, das das Weibchen dann nach einem weiteren Verdauungsvorgang in seinem Kropf vermischt mit der Kropfmilch an die Jungen verfüttert. Wenn den Altvögeln Futter in der zuvor beschriebenen Zusammensetzung zur Verfügung steht, so ist dieses Futter für die Aufzucht der Jungen auch ausreichend. Da jedoch das Futter für die Jungen von weicher Konsistenz sein muß, empfiehlt sich eine Zugabe von Weichfutter.

Dieses Weich- oder Aufzuchtfutter kann man selbst herstellen oder fertig gemischt kaufen. Es werden heute im Handel hervorragende Aufzuchtfuttermischungen angeboten, die gut haltbar und immer greifbar sind. Vor der Fütterung feuchtet man das Futter an. Dies kann mit Wasser, besser mit Magermilch oder Honig, aber auch durch feingeriebene Karotten erfolgen. Eine Prise Futterkalk und ab und zu eine Multivitamingabe oder etwas Lebertran vervollständigen das Gemisch. Grundsätzlich ist von diesem Futter immer nur soviel zu reichen, wie am gleichen Tag gefressen wird. Selbsthergestelltes Futter ist problematischer, besonders wenn man hartgekochtes Ei verwendet. Dann muß es unter allen Umständen jeden Tag frisch gemixt werden. Die Grundbestandteile sind neben Ei, Brösel von trockenem Weißbrot, Schrot von Hirse, Glanzsamen, Hafer und Negersaat sowie Weizenkeimschrot. Dazu kommt noch Milchpulver oder entsprechende Babynahrung in Pulverform und Futterkalk. Eine Gabe Honig oder Lebertran und nach Bedarf ein Multivitaminpräparat vervollständigen die Zusammenstellung. Das dargereichte Weichfutter soll nicht zu trocken, aber auch nicht zu feucht sein. Feuchtkrümelig ist der richtige Zustand.

Jeder Züchter entwickelt im Laufe der Zeit seine eigene Mixtur, die wiederum auch auf die jeweilige Vogelart abgestimmt sein muß. Grundsätzlich aber gilt für alle Weichfuttergaben:

- absolute Sauberkeit der Gefäße
- alle herausgeworfenen Futterreste entfernen
- alle Gefäße nach Gebrauch gründlich reinigen
- Weichfutter jeden Tag frisch zubereiten
- Menge dosieren, nie mehr als im Laufe des Tages gefressen wird
- in der Sommerzeit nur die halbe Tagesmenge

Jedes Weichfutter säuert nach einer gewissen Zeit und wird dabei gefährlich für die Brut. Hartgekochte Eier, die verdorben sind, wirken toxisch und sind dann besonders gefährlich. Wer seine Brut erhalten und gesunde Nachzucht haben möchte, sollte diese Ratschläge peinlich genau beachten.

Zucht

Die Zucht von Vögeln ist in den letzten Jahrzehnten immer stärker in den Vordergrund getreten gegenüber der reinen Vogelhaltung. Die Vogelliebhaberei des letzten Jahrhunderts galt vorwiegend dem außergewöhnlichen Gesang mancher Arten oder der Farbenpracht vieler Exoten.

Nur relativ wenige Leute konnten sich den Kauf der teuren Exoten leisten. An eine Zucht dachten nur die wissenschaftlich Interessierten. So war es mit ein Verdienst von Dr. Karl Ruß, der in der zweiten Hälfte des letzten Jahrhunderts mit seinem dreibändigen Werk »Die fremdländischen Stubenvögel«, erschienen 1879 in Hannover, das Interesse vieler Liebhaber für die Vogelzucht zu wecken. Namen wie Reichenow, Heinroth, Neunzig, Brehm und davor noch Dr. Finch, der sich bemühte, eine Ordnung der Vogelwelt zu erstellen, waren ebenfalls maßgebend an dieser Entwicklung beteiligt und haben durch ihre Veröffentlichungen viel dazu beigetragen, daß wir heute eine wesentlich bessere Kenntnis der gesamten Vogelwelt haben. Wenn auch manche Darstellungen überholt sind, so ist der heutige Stand der Wissenschaft und der Vogelzucht ohne diese Pioniere nicht denkbar. Ohne die Zucht vieler Arten hätte man nicht so leicht die Zusammenhänge und Verwandtschaftsgrade vieler Arten zueinander erkennen können. Es seien nur ein paar wesentliche Punkte aufgeführt: Länge der Brutdauer, Nestlingszeit, Fütterungszeit, Jugendkleid, Alterskleid, sichere Unterscheidungsmerkmale zwischen Männchen und Weibchen und vieles mehr.

Die Vogelzucht der damaligen Zeit hatte es nicht nötig, Vogelarten zu erhalten, sondern diente vorwiegend der Forschung. Nachschub wurde der Natur entnommen.

Von diesen Voraussetzungen können wir heute nicht mehr ausgehen. Viele Länder haben den Fang und die Ausfuhr von bestimmten Vogelarten untersagt oder generell Ein- und Ausfuhr gesperrt. Durch das Washingtoner Artenschutzübereinkommen ist der Handel mit freilebenden Tieren noch weiter eingeschränkt worden, da es die meisten Vogelarten unter Schutz stellt und nur noch kontrolliert Im- und Export zuläßt. Das erste Land, das die Ausfuhr völlig sperrte, war Australien. Diese Maßnahme ist zwar nicht ganz verständlich, besonders wenn man weiß, daß immer noch große Mengen von Kakadus und Plattschweifsittichen in Australien vergiftet oder abgeschossen werden, da sie Ernteschäden verursachen. Andererseits aber hat diese totale Sperre in Europa dazu geführt, daß viele Züchter sich besonders den australischen Arten gewidmet haben und Nachzuchtergebnisse erzielten, die Bestände z.B. beim Glanzsittich und Ziegensittich hervorbrachten, die heute bereits die Wildbestände übertreffen.

Speziell bei den Sperlingspapageien waren die Importe, besonders in den zwanziger Jahren, aber auch noch in den fünfziger Jahren so zahlreich, daß kaum Bestände durch Zucht aufgebaut wurden. Dies ist heute, wo Einfuhren nur noch selten stattfinden, sehr bedauerlich, denn wir müssen nun versuchen, aus relativ geringen Beständen Zuchtstämme aufzubauen. Glücklicherweise zählen Sperlingspa-

Augenring-Sperlingspapageien (Nominatform). Ausgefärbtes Männchen (links) und Weibchen (rechts).

pageien in ihren Heimatländern nicht zu den bedrohten Arten und man findet deshalb auch keinen Vertreter in Anhang I des Washingtoner Artenschutzübereinkommens (Anhang I führt die besonders bedrohten und daher streng geschützten Arten auf).

Bevor man sich entschließt, Sperlingspapageien zu züchten, muß man sich darüber Gedanken machen, welche Art und welche Rasse man züchten will. Grundsätzlich sind mindestens 3 Paare einer Art oder Rasse notwendig, um eine vernünftige Basis für einen Zuchtstamm zu haben. Diese drei Paare sollten möglichst blutsfremd zueinander sein, so daß Jungvögel wiederum blutsfremd zusammengestellt werden können. Ohne entsprechende Aufzeichnungen (Stammkarten) ist es fast unmöglich, solche Zuchten aufzubauen. Darauf wird noch in einem anderen Kapitel näher eingegangen.

Die wichtigste Grundlage jeder ernsthaften Sperlingspapageienzucht aber ist die Arten- und Rassenreinheit. Da vor allem die Rassen mancher Arten sehr schwer zu unterscheiden sind, insbesondere die Weibchen, muß der Züchter hier mit größter Sorgfalt vorgehen.

Für den Anfänger empfiehlt sich deshalb der Blaugenick-Sperlingspapagei. Er hat keine Rassen gebildet und kann deshalb in der Reinform am leichtesten erhalten und gezüchtet werden. Außerdem sind von ihm genügend und in mehreren Folgegenerationen gezüchtete Stämme vorhanden, so daß auch die Eingewöhnung und Zucht meist keine Schwierigkeiten bereitet.

Als weitere Art, die keine Rassen gebildet hat, ist nur noch der Gelbmasken-Sperlingspapagei zu nennen. Diese schöne Art ist leider zunächst noch in geringer Stückzahl vorhanden, aber die Zuchterfolge der letzten Jahre lassen für die Zukunft das Beste erhoffen.

Oben: Zuchtpaar Blaugenick-Sperlingspapageien; Männchen füttert Weibchen.
Unten: Sperlingspapageien können bei entsprechender Pflege, wie alle Papageien, sehr zutraulich werden.

Alle anderen Arten haben eine oder mehrere Rassen gebildet, die in einigen Fällen wirklich schwierig auseinander zu halten sind. Wer sich damit befaßt und züchten will, muß sich erst eine umfassende Kenntnis dieser Rassen aneignen, damit es zu keinen Kreuzungen kommt. Ich möchte darauf nochmals ausdrücklich hinweisen, weil dies einer der wichtigsten Punkte für den Fortbestand der Arten und Rassen in Zukunft ist. Jegliche Kreuzungszucht innerhalb der Arten verstößt gegen die Grundregel der Vogelzucht und stellt den heute so oft propagierten Artenschutz in Frage. Wer z. B. eine Grünbürzelhenne mit einem Blauflügelhahn verkreuzt und dann womöglich die Nachzucht noch als seltene Rasse des Blauflügels verkauft, handelt nicht nur verwerflich, sondern begeht Betrug.

Bei den Rassen können Fehler in der Verpaarung passieren, besonders bei Exemplaren aus nicht bekannten Quellen, seien es eingeführte oder gezüchtete Vögel. Wo man aber Männchen und Weibchen einer Rasse unterscheiden kann, sollte niemals eine Verpaarung mit einer anderen Rasse aus Mangel eines geeigneten Partners erfolgen. Zum Aufbau genügender Zuchtstämme gehört auch die Kooperationsbereitschaft der Züchter untereinander. Nur in der Gemeinschaft und mit der nötigen Bereitschaft zur gegenseitigen Hilfe unter den Züchtern wird es in Zukunft möglich sein, beständige Zuchtstämme der jetzt noch seltenen Arten und Rassen der Sperlingspapageien aufzubauen.

Auswahl der Zuchtpaare

In alten Büchern wird oft von Inseparables – »Unzertrennlichen der Neuen Welt« – gesprochen, analog zu den Unzertrennlichen *(Agapornis*-Arten) Afrikas. Papageien sind allgemein sehr anhänglich gegenüber dem Partner und halten jahrelang, wenn nicht ein Leben lang, zusammen. Dies kommt gerade bei den Sperlingspapageien besonders zum Ausdruck. Fliegt ein Partner weg, folgt der andere unweigerlich. Sie fressen gemeinsam, putzen sich gegenseitig, kraulen sich ebenso und manchmal streiten sie auch kurz miteinander, um danach um so enger nebeneinander zu sitzen. Sie trennen sich von anderen Mitbewohnern einer Voliere ab und scheuchen jeden weg, der es wagt, ihnen auf Tuchfühlung nahe zu kommen. Sie schlafen eng aneinandergedrückt auf ihrem Stammplatz und wenn das Weibchen brütet, verbringt das Männchen nicht selten die ganze Zeit ebenfalls im Nistkasten.

Bevor es jedoch soweit kommt, muß das Paar sich erst gefunden haben. Am leichtesten geht es, wenn man einen Flug Jungvögel der gleichen Art in einer Voliere zusammen hält und die Auswahl des Partners den Vögeln selbst überläßt. Dies ist nicht immer einfach, weil auch Paarungen zustande kommen können, die der Züchter nicht will, insbesondere wenn es sich um Geschwisterpaarungen handelt. Die Vögel nehmen darauf keine Rücksicht und sind, einmal fest verpaart, sehr schwer wieder umzupaaren. Der sicherere Weg ist daher, zwei Jungvögel separat zusammenzusetzen und zu hoffen, daß sie sich anpaaren. Bei Jungvögeln ist dies meist der Fall.

Altvögel sind im allgemeinen heikler im Annehmen eines Partners, besonders dann, wenn sie schon einmal verpaart waren und womöglich schon gezüchtet haben. In solchen Fällen hilft nur Geduld. Wenn sie nach einem halben Jahr immer noch auseinandersitzen und keine Notiz voneinander nehmen, besteht meist keine Chance mehr. Man kann es dann nur mit einem neuen Partner versuchen, wenn ein solcher zur Verfügung steht. Umpaarungen bei Altpaaren, die eine feste Partnerschaft hatten, sind fast unmöglich, wenn die ehemaligen Partner Ruf- oder gar Sichtkontakt haben. In diesem Fall ist alle Mühe vergebens: Die gegenseitigen Lockrufe wollen nicht aufhören und die neuen Partner sitzen unbeachtet in der Ecke oder werden gebissen, sobald sie sich nähern. Aus welchen Gründen auch immer eine Umpaarung notwendig wird, man sollte die Paare zumindest so trennen, daß auch der Rufkontakt abgebrochen ist. Man setzt zu dem Altvogel möglichst einen zuchtreifen Jungvogel, der noch nie verpaart war. Diese Methode garantiert zwar nicht den Erfolg, führt aber am ehesten ans Ziel.

Einsetzen der Paare

Bringt man zwei Vögel zusammen, die man als zukünftige Partner auserkoren hat, so geschieht dies am besten am Spätnachmittag. Dann haben die Vögel gerade noch Zeit, sich in der neuen Behausung zurechtzufinden, Gelegenheit zu fressen und einen Schlafplatz zu finden. Am nächsten Tag entscheidet sich, ob die Vögel sich zumindest tolerieren. Zeigt sich ein Partner dem anderen überlegen und nützt diese Überlegenheit aus, indem er den Partner ständig verfolgt, dann hilft nur eines: den Störenfried herauszunehmen. Zwei bis drei Tage später kann man es dann erneut versuchen. Der andere Vogel hat dann gewissermaßen einen Heimvorteil erlangt und setzt sich eher zur Wehr. Ernsthafte Schwierigkeiten sind selten und das Geplänkel läßt ebenfalls meist nach wenigen Tagen nach. Ist dies nicht der Fall, muß man die Vögel trennen. Im allgemeinen sitzen vor allem junge Sperlingspapageien schon nach einem Tag vertraulich beisammen. Wenn sie sich gegenseitig kraulen, hat man praktisch schon gewonnen. Bis zur Zucht kann es allerdings noch ein weiter Weg sein.

Nistgelegenheiten

Sperlingspapageien sind schon von Natur aus nicht besonders wählerisch was die Nistgelegenheiten betrifft. Sie sind im Freileben mit allem was sich bietet, vom morschen Zaunpfahl über Mauernischen bis zu hohlen Baumästen, zufrieden. Die Frage, ob Naturstämme oder Holzkästen geeigneter sind, entscheiden die Vögel am besten selbst. Normalerweise gibt es keine Schwierigkeiten. Ich habe mit liegenden Kästen deshalb gute Erfahrungen gemacht, weil die Eier selten zerstört werden, wenn die Altvögel allzu stürmisch einfliegen. Zudem bieten sie den Jungvögeln mehr Bewegungsfreiheit und auch das Männchen hat mehr Platz, wenn es sich im Kasten aufhält. Da dies sehr oft vorkommt, herrscht zwangsläufig im stehenden Nistkasten drangvolle Enge mit dem Ergebnis, daß die Eier nicht immer voll vom Weibchen gedeckt werden und erkalten und absterben.

Naturstämme haben den unbestreitbaren Vorteil, daß sie die Wärme im Innern gleichmäßig halten und auch nicht so leicht austrocknen, so daß auch die notwendige Feuchtigkeit für die Eier vorhanden ist. Zwar sind Naturstämme zweifellos in den Volieren dekorativer, für die Nestkontrolle aber auch umständlicher und schwerer von der Wand zu nehmen, schon wegen ihres Gewichtes. In der Zuchtbox scheidet der Naturstamm meist aus Platzgründen aus.

Eines müssen alle Nistkästen haben, eine nicht zu flache Nistmulde am Boden, damit die Eier nicht umherrollen können. Als Einstreu verwendet man etwas Sägemehl oder Holzmulm, den man von morschen Baumstämmen abreiben kann; Sperlingspapageien tragen im Gegensatz zu den afrikanischen *Agapornis*-Arten keinerlei Material in den Nistkasten ein.

Die Größe der Nistkästen sollte etwa den Wellensittichnistkästen entsprechen: Höhe 25–30 cm, Breite und Tiefe jeweils 17–20 cm, Einflugloch 4–5 cm. Diese Maße gelten im übertragenen Sinne für den liegenden Kasten.

Die Nistkästen sollten möglichst dem Licht zugewandt plaziert, also nach Ost bis Süd ausgerichtet sein. Allerdings ist dies bei Zuchtboxen nicht immer möglich, doch wird dies von den Sperlingspapageien auch nicht allzu kritisch genommen. Eines muß man aber in jedem Fall beachten, daß alle Kästen in Flugvolieren möglichst auf gleicher Höhe hängen. Höher hängende Kästen werden den niedriger hängenden immer vorgezogen. Man kann auf diese Weise unnötige Streitereien vermeiden.

Balz, Brut und Aufzucht

Hat man ein harmonisierendes Paar beisammen und die nötigen Voraussetzungen geschaffen, die eine Zucht ermöglichen, sollte irgendwann auch der Erfolg kommen. Alle Sperlingspapageien eignen sich für Käfig- und Volierenzucht. Voraussetzung ist, wie bereits erwähnt, eine Temperatur nicht unter 15° C und eine Luftfeuchtigkeit nicht unter 70%. Man kann die Vögel zusätzlich stimulieren, indem man Weichfutter mit entsprechenden Vitaminzusätzen, besonders Vitamin E, anbietet. Nicht die Menge hilft, sondern regelmäßig dosierte Gaben.

Gewöhnlich wird zunächst einmal die Nisthöhle inspiziert. Verweilen beide Vögel längere Zeit darin, ist dies schon ein gutes Zeichen. Füttert das Männchen das Weibchen auch noch und begattet es, ist zwar noch nicht alles gewonnen, aber immerhin der Anfang gemacht. Begattungen kommen bei Sperlingspapageien auch außerhalb der Zuchtzeit vor und setzen nicht unbedingt eine Brut voraus.

Im Normalfall beginnt das Männchen mit dem Balzspiel. Die Flügel werden dabei gelüftet, so daß der Flügelbug vom Körper absteht, die Schwingen jedoch am Körper anliegen. Dieser Vorgang wird langsam wiederholt oder aber es wird so schnell gelüftet, daß es fast einem Zittern gleichkommt. Meist wird dies mit Verbeugungen zu dem Weibchen hin verbunden, die von diesem erwidert werden, wobei die Schnäbel auf dem Ast oft hörbar aufschlagen. Mitunter überspringt das Männchen sein Weibchen und versucht durch seitliches Herantrippeln in Körperkontakt zu kommen. Ist das Weibchen paarungswillig, so duckt es sich und hebt den Bürzel an. Der Hahn krallt sich mit dem einen Fuß am Rücken des Weibchens fest und legt einen Flügel dem Weibchen über den Rücken, während der andere Fuß die Sitzstange umkrallt. Ich habe bei Sperlingspapageien nie ein Befliegen festgestellt, wie sie als normale Kopulation bei den meisten Vogelarten stattfindet. Die Kopulation geschah immer von der Seite, wie beschrieben.

Die Eiablage erfolgt normalerweise jeden zweiten Tag; ich habe aber auch schon schnellere Folgen feststellen können. Die Gelege enthalten meist 5–6 Eier, selten mehr, aber auch selten weniger als 4. Gebrütet wird meist ab dem zweiten Ei, so daß die Dauer des Schlüpfens nicht immer exakt vorausgesehen werden kann. Normalerweise dauert die Brutzeit genau 21 Tage, wie dies auch von K. Westen nach intensiven Beobachtungen festgestellt worden ist. Brutzeiten zwischen 20 und 23 Tagen, wie sie angeblich angegeben werden, beruhen meist auf der Tatsache, daß der genaue Brutbeginn nicht feststellbar war, da die meisten Weibchen vom ersten Ei an nur noch selten den Nistkasten verlassen.

K. Westen erwähnt außerdem als untrügliches Zeichen für die beginnende oder begonnene Brut einen bestimmten Geruch, der nur dann feststellbar ist, wenn die Brut in Gange kommt. Der Geruch soll etwas süßlich sein und entfernt an Honig erinnern. Ich selbst verfüge über keinen so feinen Geruchssinn, aber meine Frau bestätigte die Feststellung von Frau Westen.

Brütende Weibchen haben einen weichen breiigen Kot, der meist nur einmal am Tag entleert wird, wenn das Weibchen zur Futteraufnahme aus dem Kasten kommt. Dies ist auch der beste Zeitpunkt, um das Gelege zu überprüfen. Falls es sich um ein großes Gelege handelt, also um mindestens 6 und mehr Eier, sollte man mittels Durchleuchten feststellen, welche Eier befruchtet sind, um die nicht befruchteten entnehmen zu können. Ein Gelege mit nur 5 Eiern wird naturgemäß besser vom Weibchen bedeckt und erhält dadurch auch gleichmäßigere Brutwärme. Bei zu großen Gelegen liegt immer mal ein Ei etwas abseits, erkaltet und stirbt ab. Da es aber selten das gleiche Ei ist, kann es bei großen Gelegen zu schlechten Schlupfergebnissen kommen, die die Erwartung auf reichlichen Nachwuchs enttäuschen.

Sind die Jungen geschlüpft, was sich meist an ihrem Piepsen feststellen läßt, sollte man die Altvögel möglichst wenig durch Kontrollen stören. Wichtig ist, daß stets frisches Weichfutter reichlich zur Verfügung steht: Kolbenhirse trocken und geweicht, Keimfutter und natürlich Grünfutter. Nach vier bis fünf Tagen nach dem Schlupfen kann man dann kontrollieren und die Eierschalen oder Schiereier entfernen.

Nach etwa 8 Tagen sind die Jungen meist schon so groß, daß die geschlossene Beringung erfolgen kann. Der geschlossene Ring ist die beste Methode, einen Vogel lebenslang zu kennzeichnen. Auf dem Ring muß die Nummer des Züchters, die laufende Nummer (Nummer des Vogels) und das Zuchtjahr eingestanzt sein. Zum Anlegen des geschlossenen Ringes nimmt man die 3 großen Zehen zusammen und läßt nur die Afterklaue unberücksichtigt. Man schiebt den Ring über die 3 Zehen und über das Fußgelenk, so daß nur noch die Afterklaue innerhalb des Ringes ist. Diese zieht man dann mittels eines Streichholzes oder anderen Stäbchens heraus. Der Ring sitzt dann am Ständer. Nach zwei bis drei Tagen kontrolliert man nochmals, ob der Ring richtig sitzt, vor allen Dingen, daß er sich nicht über den Schenkel geschoben hat, was bei zu früher Beringung leicht passieren kann.

Für Sperlingspapageien wird ein Ring mit 4 mm Innendurchmesser verwendet. Die größeren Arten wie Gelbmasken-, Blaugenick- und Blaubürzel-Sperlingspapagei können auch mit dem Wellensittichring 4,2 mm beringt werden. Geschlossene Ringe erhält man nur als Mitglied der AZ oder des DKB. Diese Ringe sind amtlich anerkannt und müssen in das Nachweisbuch eingetragen werden (siehe im Abschnitt über Zucht- und Haltegenehmigung). Aufgrund der Ringnummer und des Jahrganges sollte man eine Stammkarte für jeden Vogel anlegen. Auf dieser Stammkarte sind Eltern und Großeltern ebenfalls einzutragen. Somit hat man einen eindeutigen Abstammungsnachweis und kann später die Vögel entsprechend blutsfremd weiterverpaaren. Zum Aufbau eines guten Zuchtstammes ist die geschlossene Beringung unbedingt notwendig. Auch wenn man Vögel kauft, bietet der geschlossene Ring verläßliche Auskunft über das genaue Alter und den Züchter (siehe auch auf Seite 45 im Abschnitt über Kauf, Verkauf, Versand).

Entwickeln sich die Jungvögel normal, zeigen sich die ersten Federkiele mit 12–14 Tagen. Im Alter von 20 Tagen ist die Befiederung voll durchgebrochen und mit etwa 30 Tagen hat der Jungvogel sein vollständiges Jugendgefieder. Die Jungen verlassen den Nistkasten meist im Alter von 32–35 Tagen.

Die meisten Sperlingspapageien nehmen unmittelbar nach dem Ausfliegen Futter auf. In den ersten Tagen wird Weich- und Keimfutter vorgezogen. Der Nachahmungstrieb veranlaßt die Jungen, es den Alten gleich zu machen und überall dort zu picken, wo dies die Alten tun. Dadurch lernen sie sehr schnell die geeignete Nahrung kennen und erreichen in kurzer Zeit ihre Selbständigkeit. Das soll aber nicht heißen, daß sie sich von den Alten nicht mehr füttern lassen. Es gibt Altvögel, die noch 3–4 Wochen füttern, aber auch solche, die schon nach 8 Tagen jegliche Fütterung einstellen. Deshalb ist es ratsam, die Jungvögel nicht zu früh von den Altvögeln zu trennen, auch wenn man keine Fütterung mehr beobachtet; solange die Jungvögel noch Bettellaute hören lassen, werden sie auch meistens gefüttert. Ausnahmen sind nur dann festzustellen, wenn die Altvögel sehr schnell zur zweiten Brut schreiten. Dann kann es vorkommen, daß das Männchen vor allem die jungen Männchen verfolgt. Besonders bei den Arten, bei denen die jungen Männchen bereits deutlich die blauen Abzeichen der alten Männchen tragen, wie dies z. B. beim Blaugenick-Sperlingspapagei, der Fall ist. Die jungen Weibchen dagegen werden selten vom alten Männchen belästigt.

Krankheiten

Vorbeugungsmaßnahmen

Wie in der Humanmedizin gilt auch für die Gefiederten: »Vorbeugen ist besser als heilen!«

Der Halter und Züchter kann in dieser Hinsicht mehr tun, als er glaubt. Peinliche Sauberkeit der Futter- und Wassergefäße ist oberstes Gebot. Durch den Kot werden viele Krankheiten übertragen und je sauberer die Gefäße, die Sitzstangen und der gesamte Raum sind, um so eher lassen sich Krankheiten vermeiden.

Dies gilt auch für die unterschiedlichsten Parasiten. Wo keine Dreckecken, keine Ritzen und Hohlräume sind und wo regelmäßig gereinigt wird, haben Schmarotzer wenig Lebensmöglichkeiten.

Neuankömmlinge, und seien sie anscheinend noch so gesund, können Überträger von Krankheiten sein. Es empfiehlt sich deshalb stets, neue Vögel zunächst mindestens 14 Tage in Quarantäne zu setzen, bevor man sie in den Bestand eingliedert. Bei geringsten Anzeichen von Unregelmäßigkeiten ist die Quarantäne fortzusetzen und es muß die Ursache festgestellt werden.

Sehr wichtig ist die Beschaffenheit des Futters. Schlechtes Futter, wenn es z.B. durch Mäusekot oder durch Schimmelbildung verunreinigt ist, sollte man keinesfalls verfüttern. Grünfutter oder Weichfutter geht in der warmen Jahreszeit schnell in Gärung über und führt zu Darminfektionen. Gespritztes Grünfutter kann tödlich sein! Abwechslungsreiches Futter mit den nötigen Wirkstoffen beugt mancher Mangelkrankheit vor. Krankheitsüberträger können Wildvögel sein, wenn sie in die Freivoliere koten können. Mäuse und Ratten, blutsaugende Insekten, ja selbst Regenwürmer übertragen bestimmte Krankheiten.

Man sieht aus all diesen Beispielen, wie wichtig es auf eine sorgsame und saubere Haltung ankommt, wenn man einen gesunden Vogelbestand haben will.

Krankheitszeichen, Untersuchungen und Diagnosen

Ein aufmerksamer Vogelpfleger wird am veränderten Verhalten eines Vogels sofort eine Unregelmäßigkeit feststellen. Damit ist allerdings noch lange nicht die Ursache erkannt. Ein Vogel, der tagsüber schläfrig auf der Stange sitzt und sogar den Kopf ins Gefieder steckt, muß noch lange nicht krank sein, vorausgesetzt er schläft auf einem Bein. Benutzt er dagegen zwei Beine, dann kann dies durchaus mit einem Unwohlsein zusammenhängen. Jungvögel bilden hier allerdings eine Ausnahme, sie schlafen während des Tages ohnehin häufiger und benutzen dabei oft beide Beine.

Sichere Anzeichen einer Krankheit sind lustloses Verhalten, aufgeplusterte Federn oder plötzliche Zahmheit, wenn man den Vogel fast mit der Hand greifen kann. Ferner weist eine verschmierte Aftergegend meist auf eine innere Krankheit hin. Tränende und geschwollene Augen, Luftschnappen, Hustenreize, Auswürfe, das alles deutet auf eine beginnende oder fortgeschrittene Krankheit, die es zu bekämpfen gilt.

Es wäre falsch, allzu hektisch auf geringfügige Veränderungen des Vogels zu reagieren. Ein vorübergehendes Unwohlsein gibt sich meist innerhalb kurzer Zeit. Das Herausfangen und Umsetzen in einen Krankenkäfig bedeutet Streß, der einen natürlichen Heilungsprozeß umkehren kann.

Zeigt sich allerdings im Verlauf weniger Tage keine Besserung, sondern verschlechtert sich der Zustand eher, dann bleibt keine Wahl. Der Vogel muß in einem eigens dafür vorgesehenen Krankenkäfig, der meist mit Rotlicht ausgestattet ist, isoliert werden. Oft hilft bereits die Wärme des Rotlichts über manche unerkannte innere Krankheit hinweg.

Wichtig ist es nun, einen erfahrenen Kleintierarzt in der Nähe zu haben. Nichts gegen Tierärzte, im Gegenteil! Aber ein Tierarzt, der sich jahraus-jahrein nur mit Großvieh abgibt, ist selten in der Lage, einen kleinen Vogel zu beurteilen und zu behandeln. Zum Glück gibt es heute auch Tierärzte, die sich auf Heimtiere und Kleingetier spezialisiert haben und die in der Lage sind, entsprechende Untersuchungen des Kotes usw. durchzuführen und die geeigneten Medikamente einzusetzen.

Dringend sei davor gewarnt, Medikamente nur auf Verdacht hin anzuwenden, ohne die genaue Krankheitsursache zu kennen. Wurmmittel schwächen den Vogel zusätzlich, wenn er keine Würmer hat und Antibiotika sind kein Allheilmittel, das in jedem Fall nützt.

Erst heißt es die Krankheit zu erkennen, dann kann man sie auch bekämpfen.

Innere Krankheiten

Darmentzündungen sind die häufigsten Krankheitsursachen. Sie werden meist durch schlechtes Futter, Erkältung, bakterielle Infektionen oder Aufnahme von Giftstoffen hervorgerufen. In all diesen Fällen ist die Konsistenz des Kotes anders als normal: Die weißen Harnsäureanteile fehlen und der Kot ist nicht fest, sondern breiig. Außerdem ist der After verschmiert. Der Vogel ist sichtlich geschwächt und sträubt die Federn, um die Körpertemperatur zu halten.

Bei diesen Krankheitsanzeichen empfiehlt sich eine Umsetzung in den Krankenkäfig bei konstanter Temperatur von 35° C. Man gibt nun kein Wasser, sondern Kamillentee und als Futter keine ölhaltigen Sämereien, statt dessen hauptsächlich Kolbenhirse und Haferflocken oder Nackthafer. Handelsübliches Stärkungsfutter, sowie Biskuit oder Zwieback, kann zusätzlich verabreicht werden. Auf keinen Fall Grün- oder Weichfutter! Nach zwei bis drei Tagen muß sich dann der Zustand bessern, sonst handelt es sich um eine schwerwiegende Krankheit. Es ist daher wichtig, sofort bei den ersten Krankheitsanzeichen eine Kotprobe dem Tierarzt oder einem veterinärmedizinischen Institut zur Untersuchung zu geben. Nur so läßt sich eine genauere Diagnose stellen.

Salmonellose (Parathyphus) ist eine weltweit verbreitete bakterielle Erkrankung. Diese Bakterien kommen bei vielen Tierarten vor und können auch dem Menschen gefährlich werden. Papageien werden im allgemeinen weniger von der Salmonellose befallen, aber auch sie bleiben von Ansteckungen nicht verschont. Eine Übertragung erfolgt durch infizierte Futtermittel, besonders Eiweißkonzentrate, durch Mäuse- und Rattenkot, Haustauben, besonders verwilderte Stadttauben, Enten und Hühner sowie blutsaugende Insekten. Eine zuverlässige Diagnose ist nur durch eine Kotuntersuchung möglich. Erkrankte Vögel zeigen sich lustlos, sträuben das Gefieder, lassen die Flügel hängen, zeigen manchmal Lähmungserscheinungen und haben einen schmierigen grünlichen Kot. Ohne gezielten Einsatz von Antibiotika verläuft die Krankheit meist tödlich.

Koli-Infektion. Die bakteriellen Erreger werden meist über den Kot ausgeschieden und durch verschmutztes Wasser oder mit dem Futter aufgenommen. Auch das Einatmen von staubförmigem, infiziertem Kot kann zur Ansteckung führen. Erkrankte Vögel bekommen Fieber, haben Durchfall mit pastenartigem Kot, sind matt und lassen die Flügel hängen. Die Behandlung erfolgt mit Antibiotika.

Psittakose, auch Ornithose genannt, gehört zu den meldepflichtigen Krankheiten, da sie auf den Menschen übertragbar ist und zum Tod führen kann. Erst seit es Antibiotika gibt, hat diese Krankheit, die durch Bakterien hervorgerufen wird, ihre Schrecken verloren. Die

Übertragung erfolgt in erster Linie durch infizierten, staubförmigen Kot über die Atemwege. Psittakose kann aber auch durch Milben übertragen werden. Neben allgemeiner Mattheit und Gefiedersträuben sind vor allem Atembeschwerden und Lidentzündungen mit Tränenausfluß und Schnupfen typische Anzeichen. Beim Menschen deutet sich die Krankheit in Symptomen an, wie sie ähnlich bei einer Lungenentzündung mit rasch steigendem Fieber erkennbar sind. Die Vögel magern rasch ab, bekommen Schüttelfrost, Lähmungserscheinungen und sterben unter krampfartigen Anfällen an Herz- und Kreislaufversagen. Eine Behandlung kann nur über den Tierarzt mit Antibiotika erfolgen. Der gesamte Bestand muß unter strenge Quarantäne gestellt werden und es wird amtlicherseits entschieden, ob eine Behandlung oder ein Abtöten sämtlicher Vögel zu erfolgen hat.

Aspergillose. Diese Pilzinfektion (Schimmelpilze) ist überall dort zu finden, wo feuchte Wärme die Pilzbildung begünstigt. Die Erreger werden vorwiegend eingeatmet. Die Krankheit befällt die Atemwege und äußert sich beim Vogel durch Aufreißen des Schnabels und Luftschnappen. Bei fortschreitendem Befall werden die Atembeschwerden immer stärker. Im Rachenraum ist deutlich ein Belag zu erkennen. Nur der Tierarzt kann die intravenöse Behandlung mit Daktar oder Antimycotica vornehmen. Gaben von Vitaminen, besonders Vitamin A, steigern die Abwehrkräfte. Wichtig ist, die Räume gut zu durchlüften, Feuchtstellen zu beseitigen, Weichfutter oder Grünfutter nur in geringen Mengen und nur in frischem Zustand zu geben, und dieses Futter wieder zu entfernen, ehe sich Schimmelpilze bilden.

Vor allem kommt es darauf an, in den Nistkasten keinen Torf sondern trockene Einstreu wie Sägemehl zu verwenden, das aus Nadelholzbäumen gewonnen wurde und abgetrocknet ist.

Parasiten

Man unterscheidet Ektoparasiten (äußerliche) und Endoparasiten (im Inneren des Körpers schmarotzende Parasiten). Alle sind Schädlinge, die bei gehäuftem Auftreten zum Tod des Vogels führen können. Besonders Jungvögel im Nest können sich kaum gegen Parasiten wehren und leiden am meisten unter ihnen. Auch hier ist Sauberkeit und zweckmäßige Unterbringung die beste Vorbeugung. Die Ektoparasiten sind deshalb nicht so gefährlich, weil sie relativ leichter zu bekämpfen sind.

Rote Vogelmilbe. Eine weitverbreitete Milbenart, die besonders häufig an Nistplätzen und Schlafstellen der Vögel auftritt. Sie ist kaum einen halben Millimeter groß und hat in vollgesogenem Zustand einen dunkelroten, kugelförmigen Körper, den man mit bloßem Auge erkennen kann.

Vogelmilben leben nicht ständig auf dem Vogel, sondern vorwiegend nachts. Tagsüber verkriechen sie sich in Ritzen und Spalten. Wenn sie in großer Zahl auftreten, werden die Vögel durch die ständigen Blutverluste geschwächt und vor allem bei Jungvögeln kann es dann zu Verlusten kommen. Besonders gefährlich sind die roten Vogelmilben deshalb, weil sie als Überträger von Krankheitserregern und schädlichen Bakterien ernsthafte Erkrankungen des Vogels verursachen können. Vogelmilben sind sehr zäh, können monatelang hungern und überstehen selbst Frost. Zur Bekämpfung eignet sich Paral oder Vapona-Strip. Währenddessen entfernt man am besten die Vögel aus der Voliere, da ständiges Einatmen der Dämpfe auch für sie gefährlich sein kann.

Räudemilben sind bei Sperlingspapageien relativ selten anzutreffen. Diese Milbe bohrt sich in Haut- und Hornschichten ein, besonders

Die Farben der Blaugenick-Sperlingspapageien sind beim Flug besonders gut zu erkennen.

unter den Beinschuppen und verursacht sogenannte »Kalkbeine«. Man bepinselt die befallenen Stellen mehrmals mit Odilen, bis die Milben endgültig verschwunden sind.

Federlinge. Sie sind als 1–2 mm platt-längliche, schnellkrabbelnde, bräunliche Parasiten gut zu erkennen und halten sich ständig am Vogelkörper auf. Sie ernähren sich von Federteilchen und Hautschuppen. Befallene Vögel verhalten sich nervös, fahren mit dem Schnabel ständig ins Gefieder und zeigen bei stärkerem Befall Gefiederschäden. Ein Insektenspray schafft Abhilfe, wobei darauf zu achten ist, daß das Spray nicht in die Augen und Atemwege des Vogels gelangt. Man kann auch Aluganpuder verwenden, mit dem man das Gefieder einstäubt.

Zu den Endoparasiten, unter denen die meisten Vogelarten zu leiden haben, zählen zweifellos die **Spulwürmer** (Ascaridae). Sie leben frei im Darm und können mehrere Zentimeter lang werden. Geschlechtsreife Weibchen legen täglich einige tausend Eier, die mit dem Kot ausgeschieden werden. Da selten Würmer ausgeschieden werden, ist kaum zu erkennen, ob der Vogel Würmer hat oder nicht. Die beste Methode bleibt die Kotuntersuchung, die vom Vogelhalter auch selbst durchgeführt werden kann. Man läßt etwas Kot im Reagenzglas mit Wasser einweichen. Wenn man diese Flüssigkeit nach einem Tag etwas schüttelt, werden die Eier an die Oberfläche geschwemmt. Nimmt man davon einige Tropfen und betrachtet sie unter einem Mikroskop, lassen sich die eiförmigen, mit einem dunklen Rand ummantelten und am oberen Teil etwas verdickten Wurmeier erkennen. Dazu reicht ein gewöhnliches Schulmikroskop aus. Als ein äußeres Anzeichen gilt, wenn die Vögel merkwürdig hoch, sozusagen mit Hohlkreuz, auf der Stange sitzen. Normalerweise wird ein mäßiger Wurmbefall vom Vogel meist ohne Schwierigkeiten überstanden. Erst bei Störungen im Allgemeinbefinden, oder wenn durch äußere Anlässe ein Wurmbefall überhand nimmt, kommt es zu ernsthaften gesundheitlichen Schäden, die durch Verstopfung des Verdauungstraktes mit Wurmklumpen bis zum Tode führen können. Würmer sind immer schädlich, denn sie entziehen dem Vogel wertvolle Nahrungsstoffe und vergiften durch die Ausscheidungen ihrer Exkremente die Darmflora. Die Bekämpfung von Würmern sollte grundsätzlich nicht ungezielt und nur sporadisch erfolgen, sondern nach den genau vorgeschriebenen Anweisungen. Da sich Spulwürmer nicht innerhalb des Darmes vermehren, sondern das Ei außerhalb heranreifen muß und sich dann erst nach Wiederaufnahme durch den Vogel im Darm entwickelt, ist eine Nachbehandlung nach 4–6 Wochen notwendig, um die inzwischen nachgereiften Würmer abzutöten.

Wurmeier gedeihen besonders gut an feuchtwarmen Stellen. Durch Verschmutzung der Futtergefäße, insbesondere der Trinkgefäße, mit verseuchtem Kot, kommt es zu ständig neuem Befall. Dies ist vor allem auf Naturboden in der Voliere der Fall, da viele Vogelarten gerne am Boden Futter suchen und dadurch immer wieder Wurmeier aufnehmen. Bei einem Befall nützt daher eine Behandlung des Vogels allein nur wenig, wenn nicht auch der Käfig oder die Voliere gründlich gereinigt wird. Da Wurmeier sehr widerstandsfähig sind und infolge eines Wachshautüberzuges nicht nur Kältegrade, sondern auch gewöhnliche Putzmittel leicht überstehen, brennt man den Boden am besten mit einem Gasbrenner ab. Es empfiehlt sich auch, vom Boden eine 20 cm tiefe Schicht abzutragen und mit neuem Sand bzw. Kies wieder aufzufüllen. Bei festem Boden kann man ein Desinfektionsmittel verwenden wie z.B. Dekaseptol, das aber nach Anwendung und Einwirkung wieder sorgfältig abgewaschen werden muß.

Zur eigentlichen Behandlung der Vögel mit Wurmpräparaten zieht man am besten einen

Oben: Ein Zuchtpaar Gelbmasken-Sperlingspapageien am Nistkasten.
Unten: Kopfstudien eines voll ausgefärbten Männchens des Gelbmasken-Sperlingspapageis. Besonders der stark ausgeprägte schwarze Schnabelfleck signalisiert Brutstimmung.

Tierarzt hinzu. Die meisten guten Wurmmittel sind verschreibungspflichtig und müssen entsprechend der Größe des Vogels genau dosiert und direkt in den Schnabel eingegeben werden. Gute Behandlungserfolge werden mit Bensimidazolpräparaten erreicht.

Haarwürmer (Capillarien) sind für Vögel wesentlich gefährlicher als Spulwürmer, werden aber bei Sperlingspapageien selten nachgewiesen. Wie der Name schon sagt, sind Haarwürmer winzig klein und kaum zu erkennen. Sie verletzen die Darmschleimhäute und rufen innere Blutungen hervor. Dadurch wird der Vogel erheblich geschwächt, magert ab, leidet unter Durchfall, Blutarmut, Wachstumsstörungen und ist einer erhöhten Infektionsgefahr ausgesetzt. Die Wurmeier brauchen feuchte Wärme, teilweise sogar einen Zwischenwirt (Regenwurm). Wer seine Vogelunterkünfte sauber und trocken hält, hat deshalb kaum Sorgen mit Haarwürmern. Der Nachweis kann nur mikroskopisch erbracht werden. Behandlungen mit Dekelmin oder Nilverm sollten nur mit dem Tierarzt abgesprochen werden, da ungenaue Dosierung schwerste Schädigungen beim Vogel hervorrufen kann.

Bandwürmer können außer acht gelassen werden, da ihre Entwicklung an einen Zwischenwirt gebunden ist, der in unseren Breiten und vor allem bei der Haltung von Vögeln so gut wie nicht vorhanden ist. Dagegen kann bei frischimportierten Vögeln Bandwurmbefall eventuell möglich sein.

Sonstige Störungen und Verletzungen

Legenot ist ein häufiger Störfaktor, der besonders bei jungen Weibchen und in der kälteren Jahreszeit auftritt. Ursache ist oftmals Vitamin- ebenso wie Kalkmangel, aber auch Verfettung durch falsche Ernährung. Das Weibchen sitzt ermattet am Boden, sträubt das Gefieder und hat eine erhöhte Atemfrequenz. Der Leib ist oft angeschwollen und bläulich verfärbt. Durch Abtasten des Unterleibes kann man das Ei feststellen. Man setzt das Weibchen in eine kleine Schachtel, einen Schuhkarton oder einen ähnlichen Behälter. Selbstverständlich ist für genügend Luftlöcher zu sorgen. Ein solcher Kasten darf nicht zu groß sein, da das Weibchen still sitzen soll. Auf dem Boden zerdrückt man heiße Kartoffeln (Pellkartoffeln), zu einer Schicht. Darüber kommt ein dickes Wattepolster, in das das Weibchen hineingesetzt wird. Vorher bestreicht man den Unterbauch und die Kloake kräftig mit Speise- oder Paraffinöl. Falls möglich, kann man auch in die Kloake mittels einer Pipette Öl einführen. Das Weibchen bleibt über Nacht in der Schachtel und hat bis zum nächsten Morgen meist das Ei gelegt, sonst kann man die Prozedur wiederholen. Stetige Wärme, die feucht sein muß (deshalb heiße Kartoffeln) hilft am besten. Von einem Zerbrechen des Eies im Bauchraum ist dringend abzuraten, da dabei innere Verletzungen entstehen, die zum späteren Tod oder zu bleibenden Schäden führen können. Lediglich weichschalige Eier, d.h. Eier ohne Kalkhülle, kann man vorsichtig zerdrükken.

Äußere Verletzungen. Es kommt hin und wieder vor, daß sich die lebhaften Sperlingspapageien Verletzungen zuziehen, die auf äußere Einwirkungen zurückzuführen sind. Sind es nur Haut- oder Fleischverletzungen, tut man am besten nichts, die Heilung erfolgt meist sehr rasch. Bei blutenden Wunden kann man blutstillende Watte anwenden und durch Jod oder antiseptisches Wundpuder einer Infektion durch Verschmutzung vorbeugen. Durch Beißereien kommt es ebenfalls hin und wieder zur Fuß- und Zehenverletzungen. Auch hier verfährt man nach dem oben beschriebenen Muster.

Komplizierter wird es bei **Knochenbrüchen**. Obwohl auch diese sehr schnell heilen, ist die Fixierung problematisch, da die Sperlingspapageien alles Verbandsmaterial wegzupfen. Halskrausen helfen manchmal, sind aber ebenfalls bei diesen kleinen Vögeln kaum haltbar anzubringen. Bei Flügelbrüchen hilft man sich durch Zusammenbinden der Schwungfedern beider Flügel, so daß der Flügelbruch in der Ruhestellung zusammenwächst. Nicht immer kann die volle Flugfähigkeit erhalten werden. Bei komplizierten offenen Beinbrüchen bleibt meist nur Amputation übrig. Selten sind solche Vögel für die Zucht noch einzusetzen, sie werden aber als Invaliden oft sehr vertraut und sind dann meist besonders geschätzt.

Erfrierungen an den Beinen sollten eigentlich bei Sperlingspapageien nicht vorkommen, da man sie bei Kälte im Freien nicht überwintern darf. Kommt es dennoch einmal vor, streicht man spezielle Frostsalben, die in jeder Drogerie zu haben sind, auf die erfrorenen Stellen.

Übermäßiges **Wachstum der Schnäbel und Krallen** tritt bei Sperlingspapageien leider häufig auf. Dem ist vorzubeugen, indem man harte Kalksteine und ebenso frische Obstbaumzweige zum Benagen zur Verfügung stellt. Besonders in Käfigen mit gleichmäßigen Sitzstangen und ohne Nagemöglichkeit sind Schnäbel und Krallenverformungen an der Tagesordnung. Mit einer stabilen Nagelschere lassen sich Krallen und Schnäbel wieder in die ursprüngliche Form bringen. Beim Oberschnabel sieht man die Blutbahn durchschimmern. Knapp unterhalb schneidet man den Schnabel immer in Richtung zum Körper, so daß die Schnittstelle auf der Schnabelunterseite, nicht auf der Oberseite liegt. Unebenheiten kann man mit der Nagelfeile glätten. Manchmal muß auch der Unterschnabel etwas gekürzt werden, wobei allerdings Vorsicht geboten ist. Wenn man zu tief abschneidet, kann der Vogel den Unterschnabel nicht mehr als Meißel zum Enthülsen der Körner einsetzen.

Die Zehennägel werden nach demselben Prinzip gekürzt. Auch hier ist auf die Blutbahn zu achten und auf den Schrägschnitt nach unten. Fließt trotzdem etwas Blut, sollte blutstillende Watte und Desinfektionspulver (nur bei den Krallen) zur Verfügung sein.

Mauserstörungen liegen immer dann vor, wenn die Gesundheit des Vogels mangelhaft ist. Dies kann mit schlechter Ernährung, insbesondere durch Mangel an Vitamin A und H, aber auch mit schlechter Haltung zusammenhängen. Genügend Tageslicht, besonders ultraviolette Strahlen, fördern den Stoffwechsel und sorgen für die Umwandlung der benötigten Nährstoffe im Vogelkörper. Dazu gehört auch ausreichende Bewegungsmöglichkeit und Gefiederpflege, einschließlich einer Badegelegenheit. Die Meinung, Sperlingspapageien baden nicht, ist falsch. Besonders bei warmen, trockenen Temperaturen wird der Badenapf keineswegs verschmäht. Anschließend an das Bad schließt sich dann eine intensive Gefiederpflege an. Schlechter Gefiederzustand ist in den allermeisten Fällen nicht auf eine organische Krankheit, sondern auf schlechte Haltung und Fütterung zurückzuführen.

Anders verhält es sich bei **Federrupfen und Federfressen**, das bei vielen Papageien zu beobachten ist. Oft ist Langeweile durch Einzelhaltung in zu engen Käfigen die Ursache dieses Lasters. Sperlingspapageien fressen jedoch selten ihre eigenen Federn. Sollte dies doch einmal vorkommen, schafft Haltung in Freivolieren in den Sommermonaten oft schon Abhilfe. Zusätzlich kann man die Federstummel mit einem ungefährlichen Bitterstoff einreiben, um den Vögeln das Zerbeißen zu verleiden. Federfresser erkennt man immer daran, daß ihr Kopfgefieder noch intakt ist, da sie sich selbst ja nicht die eigenen Federn vom Kopf fressen können.

Bei Paaren kann es gelegentlich vorkommen, daß ihnen durch ständiges gegenseitiges Kopfkraulen kahle Stellen am Kopf entstehen. Dies ist nicht weiter schlimm und wird meist bei der nächsten Mauser wieder in Ordnung kommen.

Sehr oft sind Parasitenbefall oder Hautkrankheiten die Ursache, daß manche Vögel sich kahle Stellen ins Gefieder rupfen. Dann gilt es diese Ursachen zu beseitigen.

Anders ist es, wenn ein Partner oder Vogel eines Schwarmes darauf aus ist, den Mitbewohnern Federn auszurupfen oder zu zerbeißen. Besonders Blutkiele werden gerne zerbissen. Zunächst wird dies wahrscheinlich durch einen Ernährungsmangel ausgelöst und kann dann zur Gewohnheit werden. Aus dem gleichen Grund können auch Eltern ihre voll befiederten, noch nicht ausgeflogenen Jungen völlig kahl rupfen. Man entfernt dann den federrupfenden Elternteil oder nimmt die Jungen einfach aus dem Nistkasten. Die Rupferei hört meist sofort auf, besonders wenn die Eltern zu einer zweiten Brut ansetzen.

Erkennt man den Störenfried, der den Mitbewohnern ständig das Gefieder zerbeißt, so setzt man ihn in Quarantäne. Kommt er dann nach 3–4wöchiger Einzelhaltung und Futterumstellung in die Voliere zurück, so hat er meist Mühe, die alte Rangstellung im Schwarm wieder einzunehmen und läßt fortan das Rupfen. Wenn nicht, muß er notgedrungen als Einzelvogel gehalten werden.

Gegen Rupfer und Federfresser gibt es kein Allheilmittel, weil solche Vögel sich diese Unart durch die verschiedenen Umstände angewöhnen können. Ich glaube nicht, daß Rupfen und Federfressen vererblich sind, sondern eher durch falsche Haltung oder schlechte Fütterung ursächlich entstanden und dann gewohnheitsmäßig fortgesetzt wurden. Man muß dann einfach experimentieren, mit anderem Futter, einer anderen Umgebung und mit anderen Partnern usw. Manchmal hat dies tatsächlich Erfolg.

Kauf, Verkauf, Versand

Vogelkauf ist Vertrauenssache! Wie aber soll man einem Menschen vertrauen, den man nie gesehen hat und den man nicht kennt? Im allgemeinen sind Menschen, die eine gewisse Liebe zum Tier und speziell zum Vogel entwikkelt haben, auch vertrauenswürdig. Aber keine Regel ohne Ausnahme.

Beim Kauf von Vögeln, besonders wenn es um größere Beträge geht, sollte man streng nach kaufmännischen Grundsätzen vorgehen und dem Kauf eine schriftliche Vereinbarung mit Gegenbestätigung zugrunde legen. Darin sollte in jedem Fall stehen, welche Vögel gekauft werden, ihr Alter, Geschlecht und allgemeiner Gesundheitszustand, ob mit ihnen schon erfolgreich gezüchtet wurde und von welchem Zuchtstamm sie abstammen. Bei geschlossener Beringung, die immer vorzuziehen ist, hat man zusätzliche Gewähr für die Richtigkeit der Angaben. Außerdem sollte die Versandart bestimmt werden und Garantie für lebende Ankunft, ferner ein Rückgaberecht innerhalb von 8 Tagen bei Nichtgefallen. Selbstverständlich muß ein Festpreis vereinbart werden. Falls die Vögel den Versand nicht überleben, ist ein amtliches Veterinär-Institut mit der Feststellung der Todesursache zu beauftragen; keinesfalls darf der Vogel zurückgeschickt oder gar beseitigt werden. Kommen die Vögel in schlechtem Zustand an, muß dies vom Bahn- oder Postbeamten bestätigt und ein Tierarzt mit der sofortigen Untersuchung beauftragt werden.

Ein Züchter, der einwandfreie Vögel abzugeben hat, wird dies akzeptieren oder einen Verkauf nur bei Selbstabholung vornehmen. Wenn man telefonische Vereinbarungen getroffen hat, empfiehlt sich zumindest eine schriftliche Bestätigung, die alle wesentlichen Punkte der gegenseitigen mündlichen Vereinbarungen enthält. Ein Zeuge des Gesprächs ist nie ein Fehler.

Bei Selbstabholung spielt sich der Kauf ganz anders ab. Man kann sich den Vogel genau ansehen und trifft danach seine Entscheidung. Üblich ist Barzahlung bei Übernahme. Die volle Haftung übernimmt der Käufer, sobald ihm der Vogel im Transportkäfig übergeben wird. Allenfalls bei einer nicht sofort erkennbaren Täuschung wie z. B. bei Angabe eines falschen Geschlechtes bei Vögeln, die keine feststellbaren Geschlechtsmerkmale haben, oder bei Altersangaben, die sich später als offensichtlich falsch herausstellen, können nachträglich Einwände geltend gemacht werden. Selbstverständlich gehört auch die Artenreinheit zu diesen Punkten.

Anlaß zu Streit sind sehr oft Vögel, die als Zuchtpaare angeboten waren, jedoch nach Erwerb nicht mehr züchten. Zunächst sei festgestellt, daß nur solche Vögel als Zuchtpaar gelten können, die bereits Jungvögel bis zum Selbständigwerden großgezogen haben. Ein Gelege macht noch lange kein Zuchtpaar. Es ist aber durchaus möglich, daß Zuchtpaare, die schon zuverlässig Junge aufgezogen haben, in anderer Umgebung nicht mehr züchten. Wenn ein gekauftes Zuchtpaar wirklich versagt, trifft den Verkäufer deswegen nicht unbedingt die Schuld.

Wie bereits bemerkt, ist Barzahlung die übliche Zahlungsart bei Vogelkäufen bzw. Verkäufen. Unter Bekannten sind auch Schecks akzeptabel. Euroschecks sind deshalb vorzuziehen, weil sie bis zu einer gewissen Summe mit Bankgarantie eingelöst werden. Selbstverständlich sind auch Bank- oder Postüberweisungen möglich, man muß sich nur darauf einigen, ob vor oder nach Erhalt des Vogels zu zahlen ist. Nachnahmen sollte man nur dann einlösen, wenn man sich vorher vom einwandfreien Zustand der Vögel überzeugen konnte.

Der Versand in einem geeigneten Transportkasten kann, je nach Gelegenheit, per Bahnexpreß oder als Postschnellpaket erfolgen. In jedem Fall ist der Kasten deutlich mit der Aufschrift »Vorsicht! Lebende Vögel!« zu kennzeichnen. Auch empfiehlt es sich, die Telefonnummer des Empfängers zu vermerken, damit dieser telefonisch von der Ankunft verständigt werden kann.

Zum Transportkasten selbst ist zu vermerken, daß er nicht zu groß sein sollte. Die Vögel sollen gerade aufrecht darin sitzen können und soviel Bewegungsfreiheit haben, daß sie Futter aufnehmen können. Quer durch die Mitte sollte am Boden eine Viereckleiste angebracht sein, an der sich die Vögel festhalten können. Daß im Inneren des Kastens kein Nagel oder keine Kante vorstehen darf, ist eigentlich selbstverständlich. An der schrägen Vorderwand muß ein engmaschiges Drahtgitter sein, damit die Vögel genügend frische Luft haben. Futter, wie es die Vögel gewohnt sind, streut man auf den Boden, für mindestens 4 Tage ausreichend. Trinkwasser empfiehlt sich nicht, da es während des Transports ohnehin verschüttet wird und nur das Futter durchnäßt und zu zusätzlichem Kot führt. Besser eignen sich Apfel- oder Möhrenschnitze.

Über den schnellsten Versandweg gibt die Bahn oder Post gerne Auskunft. Der Versand erfolgt am besten nachmittags, so daß die Vögel am nächsten Morgen an Ort und Stelle sind. Zwischen Verkäufer und Käufer sollte der Zeitpunkt abgesprochen werden, damit sich der Käufer auf die Ankunft vorbereiten kann.

Sind die Vögel gut angekommen, setzt man sie zunächst für mindestens 8 Tage separat und reicht gut sichtbar Futter und Wasser. Nach meinen Erfahrungen wird Kolbenhirse am schnellsten angenommen. Sind die Vögel nach 8 Tagen futterfest und munter, kann man sie in ihr endgültiges Heim bringen. Eine nette Geste ist es, den Verkäufer von der guten Ankunft und Zufriedenheit zu unterrichten.

Über jedem Vogelkauf und -verkauf sollte als oberstes Gebot der Ehrenkodex des aufrichtigen Vogelliebhabers stehen: Ehrlichkeit und Anständigkeit.

Washingtoner Artenschutzübereinkommen (WA)

Dieses Gesetz wurde im Jahre 1973 beschlossen und regelt den internationalen Handel mit gefährdeten Tieren und Pflanzen. Die Bundesrepublik Deutschland ist dem Übereinkommen 1975 beigetreten.

Es würde den Rahmen dieses Buches sprengen, wollte man die Einzelheiten dieses umfangreichen internationalen Abkommens hier aufführen. Das Gesetz ist in erster Linie gedacht, um gegen den illegalen Tier- und Pflanzenhandel vorzugehen und die Ausrottung besonders gefährdeter Arten zu unterbinden.

Um darstellen zu können, welche Tier- und Pflanzenarten besonders gefährdet sind, hat man Anhänge geschaffen und diese in die Kategorien I, II und III unterteilt. In Anhang I sind die besonders zu schützenden, weil besonders gefährdeten Arten aufgeführt. Jeglicher Handel mit diesen Arten ist untersagt und Aus- bzw. Einfuhrgenehmigungen werden nur in ganz besonderen Ausnahmefällen für wissenschaftliche Zwecke erlaubt.

Der Anhang II umfaßt die geschützten Arten, die aber mit Genehmigung der betreffenden Landesregierung ausgeführt und bei uns eingeführt werden dürfen. Hierzu ist eine Cites-Bescheinigung als Nachweis der legalen Einfuhr erforderlich. Die Genehmigung für die Einfuhr erteilt das Bundesamt für Ernährung und Forstwirtschaft, Adickesallee 40, Frankfurt/Main. Entsprechende Einfuhrvorschriften wie z.B. Quarantäne usw. müssen beachtet werden.

Der normale Vogelliebhaber wird sich kaum mit solchen Transaktionen befassen. Wichtig zu wissen ist lediglich, daß Sperlingspapageien im Anhang II des WA aufgeführt sind und daß jeder Halter den Nachweis zu erbringen hat, woher die Tiere stammen, die er in Besitz hat. Handelt es sich um Wildfänge, ist die Cites-Bescheinigung für die legale Einfuhr erforderlich. Ist der Vogel gezüchtet, muß er einen geschlossenen Ring tragen und in dem Nachweisbuch des Käufers und Verkäufers eingetragen sein. Falls kein geschlossener Ring vorhanden ist, gilt auch der offene Ring des Zentralverbandes zoologischer Fachhändler, Frankfurt/Main, als Nachweis.

Das WA erlaubt die Haltung und Zucht legaler Tiere und Vögel und deren Weitervermehrung ausdrücklich. Es ist bei Erwerb von Vögeln, die dem WA unterliegen, darauf zu achten, daß es sich um genehmigte Zucht und Weiterzucht handelt und die Vögel nicht aus illegalen, also geschmuggelten Beständen stammen und eventuell widerrechtlich dem Freileben entnommen sind.

Bundesnaturschutzgesetz

Eine Neufassung dieses Gesetzes ist zum 1. 1. 1987 in Kraft getreten. Bei der Neufassung wurden weitgehend die Beschlüsse des Washingtoner Artenschutzübereinkommens berücksichtigt. Besonders die Ein- und Ausfuhren der meisten Vogelarten bedürfen einer behördlichen Genehmigung. Es ist zwar erlaubt, Vögel der besonders geschützten Arten zu halten und zu züchten, dabei muß jedoch die Bundesartenschutzverordnung vom 1. 1. 87 beachtet werden.

Alle Sperlingspapageien sind im WA in Anhang II aufgeführt, d.h. sie unterliegen den neuen Bestimmungen. Danach dürfen alle Arten, mit Ausnahme des Blaugenick- und des Blauflügel-Sperlingspapageis nicht vermarktet werden. Es heißt dazu in § 12 der Bundesartenschutzverordnung:

»(1) Abweichend von § 20g Abs. 1 Satz 1 des Bundesnaturschutzgesetzes dürfen gezüchtete Wirbeltiere der besonders geschützten Arten nicht verkauft, zum Verkauf vorrätig gehalten, angeboten oder befördert oder zu kommerziellen Zwecken zur Schau gestellt werden.

(2) Absatz 1 gilt nicht für Tiere der in Anlage 6 aufgeführten Arten.«

Der § 9 sieht eine Kennzeichnungspflicht mit einem amtlicherseits vorgeschriebenen Ring vor und im § 10 wird festgelegt, daß der Bestand bis 1. Juli 1987 bzw. später innerhalb vier Wochen nach Inbesitznahme schriftlich der nach Landesrecht zuständigen Behörde zu melden ist; jeder Zu- oder Abgang eines Vogels der besonders geschützten Arten ist zu melden, ebenso der Abgang durch Tod, wobei das Kennzeichen zurückgegeben werden muß. Ferner schreibt der § 10 vor, daß der Halter die erforderliche Zuverlässigkeit und ausreichende Kenntnisse über die Haltung und Pflege der Tiere haben muß und über die erforderliche Einrichtung zur Haltung der Tiere verfügt, entsprechend den tierschutzrechtlichen Vorschriften.

Für Halter von Sittichen und Papageien bringt dieses neue Gesetz keine wesentlichen Neuerungen, da auch bisher aufgrund des Psittacose-Gesetzes bereits eine Haltegenehmigung und ebenso die Bering- und Auszeichnungspflicht erforderlich war. Neu ist das Vermarktungsverbot, das aber in erster Linie den Handel betrifft. Züchter können nach wie vor ihre Vögel zur Blutauffrischung untereinander tauschen. Neu ist ebenfalls, daß Bestandsveränderungen (Zu- oder Abgänge) unmittelbar der Behörde zu melden sind.

Es würde zu weit führen, an dieser Stelle ausführlicher auf das Gesetz und die Verordnungen einzugehen, zumal letztere sich verändern können. Die untere Behörde (Naturschutzbehörde) bei den Landratsämtern bzw. Oberkreisdirektionen erteilt darüber Auskunft. Wer diese gesetzlichen Bestimmungen nicht beachtet, muß mit Sicherheit früher oder später mit Strafen rechnen.

Blauflügel-Sperlingspapageien (Nominatform). Oben Weibchen, unten Männchen.

Zucht- und Haltegenehmigung

Grundsätzlich ist jede Haltung und Zucht von Papageien und Sittichen genehmigungspflichtig. Die Genehmigung erteilt die Untere Verwaltungs-Behörde (Landratsamt, Oberkreisdirektion usw.). Der Antrag ist formlos schriftlich zu stellen. Voraussetzung für eine solche Genehmigung ist der Nachweis einer entsprechenden Zuchtanlage bzw. die Baugenehmigung für eine solche. Der zuständige Amtstierarzt begutachtet die Anlage auf Eignung. Er achtet besonders auf Sauberkeit, auf räumlich ausreichende Verhältnisse, wozu auch ein sogenannter separater Quarantäneraum gehört, sowie auf genügende Helligkeit. Normalerweise wird jedem ortsansässigen, unbescholtenen Bürger die Genehmigung anstandslos erteilt.

Aufgrund der Psittacose-Verordnung sind alle papageiartigen Vögel mit offenen amtlichen Z-Fußringen zu versehen (§ 61d Abs. 1.4 des Viehseuchengesetzes), die man beim Zentralverband zoologischer Fachgeschäfte Deutschlands e.V., Frankfurt a.M., Adickesallee, gegen Vorlage der Zuchtgenehmigung beziehen kann.

Über die Verwendung der Fußringe ist in dem dafür vorgeschriebenen amtlichen Nachweisbuch Buch zu führen. Alle zu- und Abgänge sowie der laufende Bestand sind einzutragen. Das Buch muß eine fortlaufende Seitenzahl haben und darf nicht durch Überschreiben oder sonstige nachträgliche Eintragungen verändert werden. Es ist zwei Jahre ab der letzten Eintragung aufzubewahren.

Ein Zuchtpaar Blaugenick-Sperlingspapageien. Das kleine Bild unten zeigt eine 1. Mutation als Falbe.

Vereine, die die Genehmigung zur Abgabe eigener Ringe haben (z.B. AZ oder DKB), können geschlossene Fußringe an Mitglieder abgeben. In die Ringe muß die Bezeichnung des Vereins, die Mitgliedsnummer und eine laufende Nummer eingeprägt sein. Außerdem werden sie mit der Jahreszahl versehen. Diese Ringen können anstelle der amtlichen Ringe verwendet werden und haben den zusätzlichen Vorteil, daß sie als geschlossene Ringe sowohl das Alter als auch die Herkunft des Vogels zweifelsfrei dokumentieren. Selbstverständlich sind auch die Vögel mit geschlossenen Fußringen in das amtliche Nachweisbuch einzutragen.

Die Ringgröße für alle Sperlingspapageien besitzt maximal 4 mm Innendurchmesser.

Es ist strikt untersagt, eigene Fußringe an andere Vogelhalter weiterzugeben oder sonstige Manipulationen vorzunehmen. Nur Vögel mit geschlossenen Fußringen und aus Eigenzucht können an Bewertungsschauen teilnehmen. Jegliche Veränderungen an Ringen wie z.B. falsche Ringgröße, aufgeweitete oder gar geöffnete Ringe werden als Ringmanipulation angesehen und mit Ausschluß aus dem Verein geahndet. Damit wird automatisch der Ringbezug (auch bei anderen Vereinen) gesperrt und unreellem Vorgehen Einhalt geboten. Falls man versäumt, den Jungvogel rechtzeitig mit einem geschlossenen Fußring zu beringen, bleibt nur die nachträgliche Beringung mit dem amtlichen offenen Z-Ring.

Es ist dringend zu empfehlen, die Beringungspflicht und die Eintragungspflicht peinlich genau zu befolgen. Die Behörde kann bei nachgewiesenen Unregelmäßigkeiten oder Manipulationen, insbesondere bei Arten, die dem WA unterliegen, den gesamten Bestand beschlagnahmen.

Ausstellungszucht und Bewertung

Über Vogelausstellungen ist schon viel geredet und viel Papier verschrieben worden. Es gab und gibt Extremisten, die jegliche Ausstellung von Tieren und Vögeln verdammen, die gegen jede Tierhaltung sind, auch gegen Zoos. Diese Menschen stellen jedoch eine Minderheit dar. Schon Konrad Lorenz bekannte sich klar und uneingeschränkt zur Vogelhaltung. Wie sonst sollte der Mensch unmittelbaren Kontakt zu den Vögeln bekommen? Wie sonst sollte er die Vielfalt der Arten kennenlernen, wenn nicht auf solchen Ausstellungen?

Vogelausstellungen gab es schon im letzten Jahrhundert. Es wurden damals jedoch keinerlei Bewertungsmaßstäbe angelegt. Die Vielfalt der Arten war Trumpf und die Vogelvereine bemühten sich, eine möglichst breite Palette von in- und ausländischen Vögeln zu zeigen. Importe, auch seltener Arten, waren noch keinen gesetzlichen Bestimmungen unterworfen, sondern wurden vom Geldbeutel bestimmt. Wer die meisten Arten zu zeigen hatte, war König unter den Vogelhaltern und -pflegern. Andererseits darf man aber nicht übersehen, daß es zu dieser Zeit gar nicht so einfach war, seltene Arten zu halten und zu pflegen. Die heutigen Erfahrungen über die Haltung und Fütterung mußten damals erst gesammelt werden. Es war tatsächlich eine Leistung, Importvögel, direkt aus dem Freileben entnommen, für längere Zeit am Leben zu erhalten.

Zwischenzeitlich hat sich dies alles gewandelt. Aus den Vogelhaltern früherer Jahre sind Vogelzüchter geworden, die versuchen, durch Eigenzucht den Wildfang überflüssig zu machen. Doch gilt es auch angesichts dieses Zieles, nicht ins Extreme zu verfallen. Man bemüht sich daher, die Zucht in gelenkte Bahnen zu leiten, nach dem Motto: »Qualität vor Quantität«. Um diesen Qualitätsstand zu erreichen, benötigt man Vergleiche, die sich auf den Bewertungsschauen ergeben.

Mit den Gesangskanarien hat es angefangen. Hier wurde der Hahn mit dem variantenreichsten und ausdauerndsten Gesang prämiert. Durch gezielte Zucht versuchte man dann diese Gesangsstrophen immer weiter zu verbessern. Der Wellensittich bot dann die Gelegenheit über die Farben- und Gestaltszucht zu den heutigen Bewertungsmethoden zu kommen. Durch Erstellung von Standardbeschreibungen wurde erreicht, daß die Bewertung nicht willkürlich, sondern gezielt für einen bestimmten Typ in Form und Farbe ausgelegt wurde. Nach einem Hundert-Punkte-System, aufgeteilt nach Gestalt, Typ, Haltung, Gefiederzustand, Farbe usw., wird ein vergleichbares Ergebnis ermittelt.

Die Bewertung von Großsittichen und Papageien wurde im Jahre 1962 durch die AZ (Vereinigung für Artenschutz, Vogelhaltung und Vogelzucht) eingeführt. Es wurden einzelne Artbeschreibungen erstellt, die weitgehend den Wildarten entsprachen. Im Laufe der Jahre sind dann ständig neue Artbeschreibungen hinzugekommen. So sind heute auch eine Reihe von Sperlingspapageien in das Ausstellungswesen mit einbezogen. Diese »Artbeschreibung für Großsittiche und Papageien« ist bei der Geschäftsstelle der AZ zu beziehen.

Es würden in diesem Rahmen zu weit führen, näher auf die umfangreichen Ausstellungsrichtlinien einzugehen, die zu beachten sind, wenn man Vögel ausstellen will. Grundsätzlich bedarf es folgender Voraussetzungen:

1.) Man muß Mitglied eines Vogelliebhabervereins sein, der regelmäßig Ausstellungen veranstaltet.

2.) Man muß den Vogel selbst gezüchtet haben.
3.) Man muß als Nachweis den Vogel mit dem dafür vorgeschriebenen geschlossenen Ring beringt haben.
4.) Der Vogel muß aus einer amtlich genehmigten legalen Zucht stammen.
5.) Der Vogel muß artenrein, gesund und aus gesunden Beständen hervorgegangen sein.

Die Bewertung obliegt eigens dafür ausgebildeten Zuchtrichtern. Diese müssen als Befähigungsnachweis eine Zuchtrichterprüfung ablegen und an den jährlich stattfindenden Zuchtrichterschulungen teilnehmen.

Die beiden deutschen Großvereine AZ und DKB veranstalten Ausstellungen, die auf örtlicher Ebene beginnen und über Landesschauen bis zur Krönung, der Bundesschau, führen. Siegervögel solcher Bundesschauen mit über 15000 ausgestellten Vögeln können mit Recht als Spitzenvögel angesehen werden, die den Wildvögeln in keiner Weise nachstehen, sondern sie an Kondition und Lebenskraft übertreffen. Nur so bietet sich die Gewähr, daß auch seltene Arten durch Zucht erhalten werden. Durch den Aufbau entsprechender Zuchtstämme, die Voraussetzung sind für die Zucht solcher Siegervögel, wird gleichzeitig auch die Grundlage gelegt für die Erhaltung der Arten. Immer mehr Vogelarten sind heute durch Raubbau an der Natur in ihrem Bestand gefährdet. Gesunde und artenreine Zuchtstämme in Liebhaberhand garantieren für ein Überleben dieser Arten.

Beschreibung der Arten und ihrer Rassen

Augenring-Sperlingspapagei

(Brillenpapagei)
Forpus conspicillatus (Lafresnaye 1848)
engl.: Spectacled Parrotlet
franz.: Perruche moineau à lunettes
Rassen: *Forpus c. caucae* (Chapman)
(Cauca-Augenring-Sperlingspapagei)
Forpus c. metae Borrero und Camacho
(Meta-Augenring-Sperlingspapagei)

Farbe und Zeichnung:
Männchen: Stirn, Oberkopf und Wangen sind türkisfarbig, doch mehr zu grün hin tendierend. Ein ausgeprägter blauer Augenring, der sich je nach Rasse hinter dem Auge nach unten fortsetzen kann, hat bei der Namensgebung Pate gestanden. Hinterkopf, Nacken, Rücken, Flügeldecken und Oberschwanzdecken sind dunkelgrün, Handdecken, Armschwingen und Bürzelgefieder kobaltblau. Brust- und Bauchgefieder dunkelgrün mit gleichmäßigem blaugrauem Überhauch; Unterschwanzdecken grün mit Gelbanteil. Augen dunkelbraun, Schnabel und Krallen hell hornfarbig, Nasenhaut und Füße fleischfarben.

Weibchen: Insgesamt matter, doch heller gefärbt. Blaue Farbanteile fehlen gänzlich. Das Bürzelgefieder ist leuchtend hellgrün. Brust- und Bauchfarbe hellgrün. Der Augenring ist smaragdgrün. Sonst wie das Männchen.

Typ, Größe, Gestalt: Mit einer Größe von 120 mm ist dieser Sperlingspapagei eher von zierlich-schlanker Gestalt mit aufrechter Haltung, die ca. 60 Grad beträgt. Der Kopf ist klein und rundlich mit nicht voll eingezogenem Schnabel. Die Rückenlinie verläuft gerade bis zum Schwanzende, die Flügel sind eng anliegend, kreuzen sich nicht und reichen fast bis zum Ende des keilförmigen Schwanzes.

Nominatform: Bei der Nominatform ist der Augenring stark ausgeprägt und setzt sich nach hinten fort, spitz auslaufend. Dies ist lediglich bei der Rasse *F. c. metae* nicht der Fall.

Die Nominatform hat einen kaum vorstehenden Schnabel, der sich harmonisch in die Kopfrundung einfügt, während die Rasse *F. c. caucae* einen deutlich vorstehenden größeren Schnabel besitzt. Leider sind schon Vermischungen der Rassen vorgekommen, so daß Zwischenformen möglich sind.

Vorkommen: Kolumbien (nördliche Verbreitungsgrenze etwa beim 10. Breitengrad), Golf von Darien, östliches Panama einschließend, hauptsächlich entlang des Magdalena-Flusses und den westlichen Abhängen der Ostanden bis zum 3. Breitengrad südlich beim Nevado de Huila.

Rasse Cauca-Augenring-Sperlingspapagei

Forpus c. caucae
Männchen: Unterscheidet sich von der Nominatform hauptsächlich durch einen größeren und stärkeren Schnabel. Insgesamt ist das Grün etwas aufgehellter. Die blauen Abzeichen sind fahler, weniger violett.

Weibchen: Hat lediglich den stärkeren Schnabel als Unterscheidungsmerkmal.

Vorkommen: In West-Kolumbien, westlich der Anden bei Cauca und Narino.

Rasse Meta-Augenring-Sperlingspapagei

Forpus c. metae
Männchen: Gegenüber der Nominatform an der Unterseite aufgehellter, gelblicher grün. Kopf ist ebenfalls aufgehellter grün, stellenweise an Hals und Wangen mehr gelbgrün. Flügelbug ebenfalls gelblicher. Der Augenring ist stark reduziert und auf eine nur teilweise sichtbare Linie zurückgedrängt.

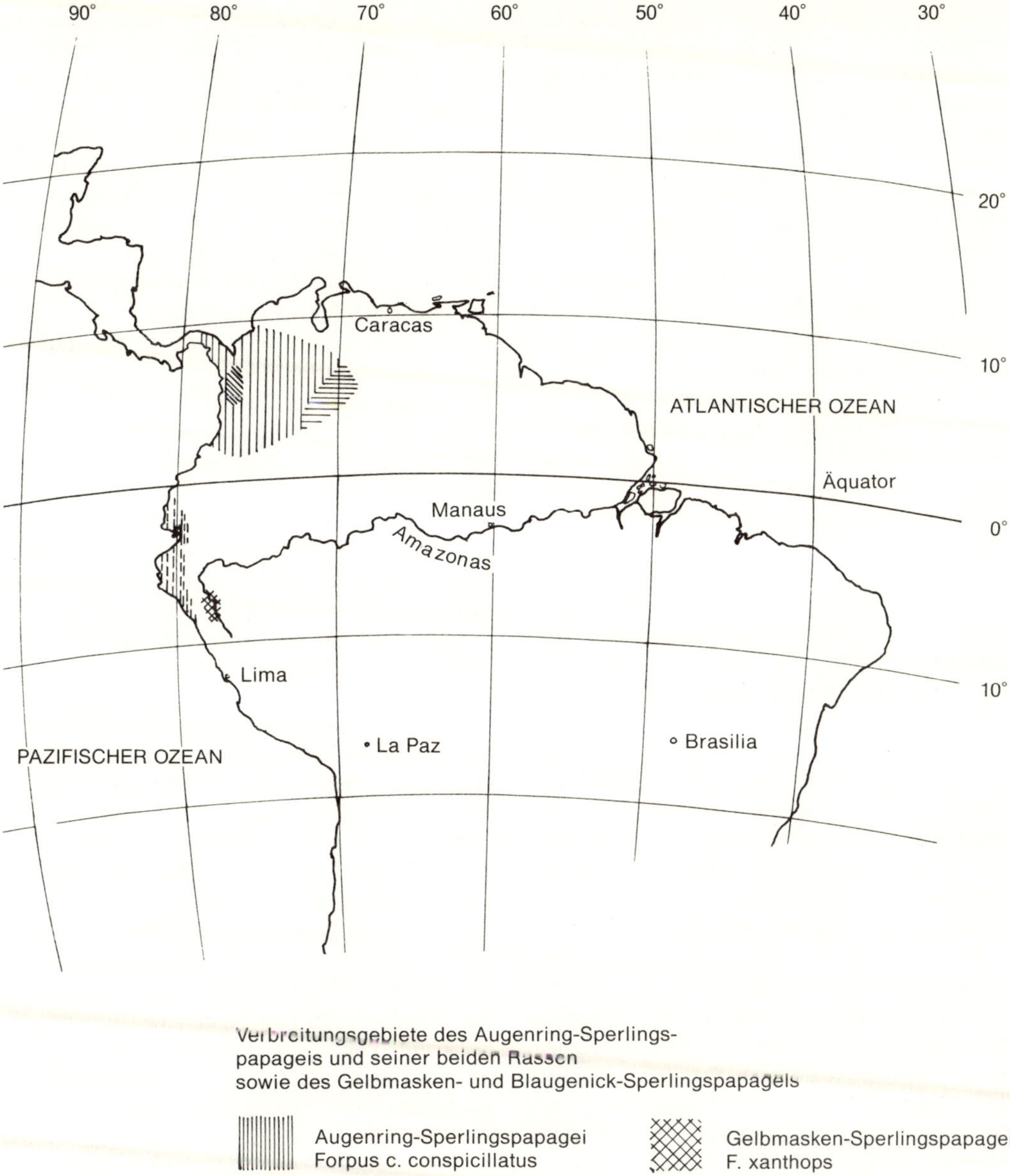

Verbreitungsgebiete des Augenring-Sperlingspapageis und seiner beiden Rassen sowie des Gelbmasken- und Blaugenick-Sperlingspapageis

Augenring-Sperlingspapagei Forpus c. conspicillatus

Rasse F. c. metae

Rasse F. c. caucae

Gelbmasken-Sperlingspapagei F. xanthops

Blaugenick-Sperlingspapagei F. coelestis

Weibchen: Etwas gelblicher grün als die Nominatform.

Vorkommen: Zentral-Kolumbien, westlich begrenzt durch die östlichen Ausläufer der Anden bei Bogota über Cundinamarca östlich entlang dem Meta-Fluß bis West-Venezuela.

Mutationen: Bisher sind mehrfach Vögel mit gelben Gefiederpartien (Schecken) gezüchtet worden; ich habe selbst solche Vögel in meinem Bestand. Sie vererben vermutlich geschlechtsgebunden, da die Scheckung meist bei Hennen vorkommt und die Jungtiere dann diese Scheckung nicht aufweisen.

Freileben: Der Augenring-Sperlingspapagei bewohnt hauptsächlich tropische und subtropische Zonen. Olivares berichtet, daß er ihn gelegentlich um Bogota beobachten konnte, während Miller ihn in Zentral-Kolumbien als häufig vorkommend schildert; er beobachtete Augenring-Sperlingspapageien in offenen Wäldern und Buschlandschaften. Wetmore dagegen hat sie nur gelegentlich beobachten können, meist paarweise in Darien und Ost-Panama. Meyer de Schauensee fand sie in Kolumbien in offenen Wäldern der tropischen Zone bis in eine Höhe von 1600 m.

Augenring-Sperlingspapageien leben während der Brutzeit, die in die Monate Januar bis März fällt, meist paarweise. Hohle Bäume, aber auch Baumstümpfe und hohle Weidezaunpfosten werden ebenso als Nistplätze angenommen wie andere Schlupflöcher.

Außerhalb der Brutzeit wurden sie in kleineren Schwärmen beobachtet, wie sie das Land durchziehen und nach geeignetem Futter suchen. Sie fressen Beeren und Früchte ebenso wie Grassamen, aber auch Knospen und Blüten. Halbreife Sämereien werden bevorzugt. Vor allem werden die Reisfelder in halbreifem Zustand aufgesucht. Der Schaden für die Landwirte hält sich jedoch in Grenzen, da die Sperlingspapageien selten in Massen auftauchen und andere Vogelarten weitaus größeren Schaden anrichten können.

Erstzucht: In den 60er Jahren kamen die ersten Vögel dieser Art nach Europa. W. Langberg aus Dänemark zog zwischen 1965 und 1973 über 30 Junge auf. Die ersten Zuchtberichte jedoch stammen aus den USA, wo Mrs. Hood in Kalifornien bereits 1931 Zuchterfolge meldete. Die Erstzucht in Deutschland gelang AZ-Mitglied Derschang 1974. Nach seinem Bericht in den AZ-Nachrichten schlüpften aus einem Gelege von 5 Eiern 3 Junge und wurden anstandslos von den Eltern großgezogen; 2 Eier waren unbefruchtet.

Zwischenzeitlich haben sich mehrere Züchter dieser schönen Art angenommen, so daß heute bereits ein beachtlicher Bestand in Deutschland vorhanden ist.

Haltung, Fütterung, Zucht

Aufgrund ihrer Zierlichkeit eignen sich die Augenring-Sperlingspapageien sowohl zur Käfighaltung als auch zur Haltung in Flugvolieren. In jedem Falle sollte die Unterbringung nur paarweise erfolgen. Zuchterfolge sind in Käfigen mit 100–120 cm Länge durchaus möglich. In Flugvolieren können sie auch mit Prachtfinken, ja selbst mit Sperlingspapageien einer anderen Art, gut zusammen gehalten werden. Sie sind weniger aggressiv als Blaugenick-Sperlingspapageien, höchstens zuchtreife Hähne bekämpfen sich ernsthafter, wenn die Brutzeit beginnt. In einer großen Voliere mit genügend Ausweichmöglichkeiten sind Zuchterfolge auch mit 2 oder 3 Paaren möglich. Dies ist jedoch sehr fraglich, weil sich die Vögel ständig gegenseitig stören.

Alle meine Augenring-Sperlingspapageien schritten erst zur Brut, als ich ihnen Einzelboxen mit den Maßen 120 × 40 × 60 cm zur Verfügung stellte. Der Nistkasten in liegender Form entsprach dem gebräuchlichen Wellensittichnistkasten und hatte am einen Ende, entgegengesetzt vom Einflugloch, eine Nistmulde. Als Nistmaterial wurde lediglich etwas Sägemehl hineingestreut. Ein Paar, etwas über 1 Jahr alt, begann im Mai mit der Brut, legte jeden 2. Tag ein Ei, insgesamt fünf. Zwei Junge schlüpften, drei Eier waren unbefruchtet. Die Brutzeit betrug 21 und 23 Tage; demnach handelte es sich um die beiden zuerst gelegten Eier. Da sich das Weibchen von Anfang an nur noch im Kasten aufhielt, scheint das Männchen nicht mehr zum Tretakt gekommen zu sein. Die Jungen wurden anstandslos großgezogen. Neben dem üblichen Körnerfutter und Keimfutter bekamen die Vögel ein handelsübliches Aufzuchtfutter, angefeuchtet mit geriebenen Karotten, und ständig Vogelmiere und anderes Grünzeug gereicht. Die Jungen verließen den Nistkasten nach 32 und 34 Tagen und wurden vom Männchen noch 8 Tage intensiv, dann immer weniger gefüttert. Sie waren mit 3 Wochen selbständig. Bereits 1 Tag nach dem Ausfliegen versuchten sie schon selbst Körner aufzupicken. Das Weichfutter und das Grünfutter waren jedoch zunächst die Hauptnahrung. Ab dem 4. Tag wurde dann besonders der Kolbenhirse zugesprochen.

Das Altpaar legte dann eine längere Brutpause ein. Die Jungen blieben noch 8 Wochen bei den Alten, ohne daß es zu Reibereien gekommen wäre. Da ich sie bereits im Lebensalter von 8 Tagen mit dem geschlossenen AZ-Ring beringt hatte, konnte ich sie von der Althenne gut unterscheiden, was ohne Ringe nicht so einfach gewesen wäre.

Junge Augenring-Sperlingspapageien gleichen dem alten Weibchen. Die Jungmännchen haben lediglich blaue Farbtupfer unter den Flügeldeckfedern, die äußerlich nicht sichtbar sind; man muß die Jungen in die Hand nehmen und den Flügel ausbreiten. Die Umfärbung ins Altersgefieder erfolgt etwa nach 5 Monaten.

Erst im Oktober folgte dann die nächste Brut. Wieder wurden 5 Eier gelegt. Diesmal waren 3 Eier befruchtet und die Jungen schlüpften nach 21, 22 und 24 Tagen. Auch diese Brut wurde anstandslos aufgezogen, obwohl zu dieser Jahreszeit Grünzeug nicht mehr im selben Umfang zur Verfügung stand. Weichfutter und Keimfutter bildeten diesmal die Hauptnahrung.

Die Jungen samt den Altvögeln besuchten nach wie vor gerne den Nistkasten und übernachteten sogar teilweise darin. So blieb mir zunächst unbemerkt, daß die Henne sich verstärkt und immer länger im Kasten aufhielt. Bei einer Kontrolle, es war inzwischen Januar geworden, lag schon wieder ein komplettes Gelege von 5 Eiern in der Nistmulde. Da ich im Moment keinen Platz für die Jungvögel hatte und auch keine Beißereien stattfanden, entfernte ich die Jungen nicht. Fast während der gesamten Brutzeit blieb es bei diesem friedlichen Bild und das alte Männchen saß oft dichtgedrängt mitten zwischen seinem Nachwuchs. Allerdings besuchten die Jungen den Kasten so gut wie nicht mehr. Kurz vor dem Schlüpfen geschah dann das Unglück. Wahrscheinlich hatten die Jungen, zufällig erschreckt, den Kasten fluchtartig aufgesucht und waren vom alten Männchen, vermutlich unter Mithilfe des Weibchens, wieder hinausbefördert worden. Dabei gingen 3 Eier zu Bruch und lagen im Kasten verstreut. Ich entfernte die Jungen sofort und die Henne brütete weiter. Am nächsten Tage schlüpfte ein Junges, das großgezogen wurde. Das andere Ei war abgestorben, wie sich später herausstellte. Von den zerbrochenen Eiern war noch ein weiteres befruchtet.

Ein anderes Paar aus meiner Zucht hatte sein erstes Gelege. Das Weibchen bekam beim dritten Ei Legenot und saß eines Morgens flugunfähig auf dem Käfigboden, der dicke Hinterleib war ein eindeutiges Indiz. Ich rieb daher den Hinterleib gut mit Lebertranöl ein und setzte das Weibchen in einen kleinen Pappkarton, auf dessen Boden zerdrückte heiße Kartoffeln ausgebreitet waren, auf denen eine dicke Watteschicht lag. Die feuchte Wärme und das Öl bewirkten, daß das Weibchen noch in der Nacht das Ei legen konnte. Allerdings wurde der Brutvorgang dadurch unterbrochen.

Es dauerte 4 Monate, bis das Paar wieder zur Brut schritt. Diesmal wurden ohne Komplikationen fünf Eier gelegt. Drei Junge schlüpften und wurden anstandslos großgezogen. Zwei Eier waren nicht befruchtet. Als das Altmännchen immer noch mit der Fütterung seines Nachwuchses beschäftigt war, saß das Weibchen schon wieder auf fünf Eiern. Diesmal schlüpften fünf Junge, die ebenfalls ohne Komplikation großgezogen wurden. Sie verließen nach 30, 31, und 35 Tagen den Nistkasten, suchten diesen aber ständig wieder auf, auch in der Nacht. So entging es mir, daß das Weibchen erneut fünf Eier gelegt hatte, aus denen wieder drei Junge schlüpften. Auch diese wurden großgezogen. Vorsorglich entfernte ich den Nistkasten sofort nach dem Ausfliegen, um weitere Bruten zu unterbinden.

Bei guten Zuchtpaaren ist ein Zuchterfolg nicht schwierig. Leider mußte aber auch ich die Erfahrung machen, daß nicht jedes Paar zur Zucht schreitet oder aber unbefruchtete Eier legt, nicht durchbrütet oder die Jungen nicht aufzieht. Es ist schwer zu erklären, weshalb das so ist, denn die Voraussetzungen von der Fütterung und Haltung her waren exakt die gleichen. Manchmal hilft eine Umpaarung, was allerdings bei älteren Vögeln, die schon längere Zeit zusammen waren, nicht leicht ist. Oft dauert es Monate, bis sich die neuen Partner akzeptieren und aneinander gewöhnen. Solange die ehemaligen Partner Ruf- oder gar Sichtkontakt haben, ist eine Umpaarung illusorisch.

Blaubürzel-Sperlingspapagei

(Mexikanischer Sperlingspapagei, Mexikanischer Blaubürzel-Sperlingspapagei, Heller Sperlingspapagei)
Forpus cyanopygius (Souancé 1856)

In alten Schriften wird er als Zwergpapagei mit türkisblauem Bürzel bezeichnet. Der lateinische Name lautete bei Finch ursprünglich *Psittacus cyanopygus*, wurde dann aber geändert in *cyanopygia*, da der Königssittich ebenfalls diese Bezeichnung trug, die sich auf das helle Grün des sprossenden Grases bezieht. Da die Bezeichnung *Psittacus* den Edelsittichen zugeordnet wurde, erhielten die Sperlingspapageien die Bezeichnung *Forpus*.

engl.: Mexican-Parrotlet
franz.: Perruche à croupion bleu
Rassen: *Forpus c. insularis* (Ridgway)
(Mexikanischer Insel-Sperlingspapagei, Westmexikanischer Sperlingspapagei)
Forpus c. pallidus (Brewster)
(Sonora-Blaubürzel-Sperlingspapagei)

Farbe und Zeichnung:
Männchen: Gesamter Körper in der Grundfarbe grün, lediglich Stirn, Wangen und Kehle etwas heller, leicht ins gelbliche gehend, aber ohne Kontrastzeichnung. Bürzel und obere Handschwingen sind himmelblau. Untere Handschwingen dunkelgrün. Schwanzoberseite leuchtend grün, Schwanzunterseite heller mit blaugrünem Überhauch. Schnabel, Nasenhaut und Füße grau, Krallen hellbraun, Augen braun.

Weibchen: Grün wie das Männchen, aber alle blauen Abzeichen fehlen und sind durch Gelblichgrün ersetzt. Unterseite etwas gelblicher als beim Männchen, manchmal mit einem Türkisüberflug. Schnabel heller grau.

Typ, Größe, Gestalt: Tropfenförmige, kompakte Gestalt von ca. 130 mm Länge (*F. c. insularis* bis 140 mm), breiter, leichtgewölbter Kopf mit nicht ganz eingezogenem Schnabel. Die Rückenlinie ist gerade bei aufrechter Haltung von ca. 55–60 Grad. Kräftige, breite, leicht gewölbte Brust. Flügel nicht gekreuzt, enganliegend und über ⅔ des Schwanzes reichend.

Vorkommen: Westliches Mexiko, im Westen begrenzt vom Golf von Kalifornien und vom Pazifischen Ozean, im Osten bis zu den Abhängen der westlichen Sierra Madre etwa bis Durango. Im Norden bis zum Sinaloa-Distrikt, daran anschließend bis zum südlichen Sonora-Distrikt die Rasse *F. c. pallidus.* Im Süden reicht der Lebensraum der Nominatform bis Colina. Anschließend an der Küste von Nayarit und den Tres Marias Inseln lebt die Rasse *F. c. insularis.*

Rasse: Sonora-Blaubürzel-Sperlingspapagei
Forpus c. pallidus
Gegenüber der Nominatform insgesamt fahler grün, Unterhälfte mit aschgrauem Überflug,

Oben: Blaßgelber Blauflügel-Sperlingspapagei (F. x. flavissimus). Man beachte den wesentlich gelberen Gesichtsteil gegenüber der Nominatform auf Bild Seite 49.
Unten: Zum Vergleich gegenüber oben, das dunklere Grün und Blau bei der Rasse F. x. crassirostris.

mehr gelblichgrün. Dies trifft für beide Geschlechter zu.

Vorkommen: Im nordwestlichen Mexiko, vom nördlichen Sinaloa-Distrikt bis zum südwestlichen Sonora-Distrikt.

Rasse: Mexikanischer Insel-Sperlingspapagei
(Westmexikanischer Sperlingspapagei)
Forpus c. insularis
Sie ist größer als die Nominatform, ca. 135–140 mm lang. Das Grün des Gefieders ist dunkler und kräftiger, so daß ein deutlicherer Kontrast zu den gelblichgrünen Partien an Stirn, Wangen und Kehle entsteht. Unterhälfte mehr graugrün. Der Bürzel ist kräftiger blau, mehr zu Kobalt neigend. Das Weibchen ist ebenfalls auf der Oberseite dunkler grün.

Vorkommen: Auf dem Festland nur am Küstenstrich von Nayarit in Westmexiko, sowie den vorgelagerten Tres Marias Inseln.

Freileben: Die mexikanischen Sperlingspapageien bewohnen sowohl die Küstenstriche, als auch das Hügelland. Im Küstenbereich wird hauptsächlich Baumwolle angepflanzt und Weidewirtschaft betrieben. Die Berghänge der Sierra Madre sind mit subtropischem Laub- und Nadelwald bewachsen. Dies sind auch die Hauptlebensgebiete der Sperlingspapageien in einer Höhe zwischen 300 und 500 m über dem Meeresspiegel. Die Temperaturen bewegen sich im Durchschnitt zwischen 10°–15° C im Januar und ca. 25°–30° C im Juli. Im Bereich der mittleren Zone ihres Verbreitungsgebietes sollen sie nicht selten sein (Nominatform). Dagegen wurden sie im Sonoradistrikt (Rasse *F. c. pallidus*) wesentlich seltener beobachtet. Friedmann hat sie bis in Höhen über 1000 m gefunden. Anscheinend werden die flachen Küstendistrikte hauptsächlich außerhalb der Brutzeit besucht. Zimmermann berichtet, er habe sie im Süden von Autlan jeden Morgen in Flügen von 10–20 Vögeln beobachtet, wenn sie auf Feigenbäumen zur Futteraufnahme kamen. Vor allem in den Morgen- und Abendstunden sind sie besonders aktiv, und fliegen mit schnellen Flügelschlägen im Geradeausflug reißend schnell, oft nur ein paar Meter über dem Boden, dahin. Forshaw berichtet von Flügen bis zu 40 Vögeln, die exakte Schwenkungen vollführten, ohne daß ein Vogel aus dem Schwarm ausscherte. Schon im Flug über dem Boden sind sie von oben kaum zu erkennen und in Laubbäumen fast unsichtbar. Forshaw mußte mit einem Stock an den Baumstamm schlagen, um sie zum Wegfliegen zu veranlassen, damit sie überhaupt sichtbar wurden. Meist entdeckt man sie nicht mit dem Auge, sondern mit dem Ohr, denn sowohl während des Fliegens, als auch beim Aufenthalt in den Bäumen stoßen sie ständig Kontaktlaute aus, die sich etwa wie »srig« anhören. Fluchtlaute sind ein schrilles »krig-krig«, wenn sie gestört werden.

Über Naturbruten ist wenig bekannt und veröffentlicht worden. Die Brutzeit soll im Juni-Juli liegen.

Haltung, Fütterung, Zucht
Blaubürzel-Sperlingspapageien waren im letzten Jahrhundert noch relativ wenig bekannt. So beschreibt 1868 Finch in seinem Papageienwert zwar die Art und bemerkt, sie sei größer als die anderen südamerikanischen Arten. Vermutlich standen ihm für diesen Vergleich aber nur Bälge zur Verfügung. Auch Ruß wußte nicht mehr zu berichten und verlegte ihre Heimat an den Amazonas und nach Bolivien. Erst Reichenow erwähnte zutreffend in seinem Werk »Vögel ferner Zonen, Papageien« als Heimat der Blaubürzel-Sperlingspapageien Westmexiko. Bei allen Autoren jener Zeit sind weder ein Bericht über Brutbeobachtungen noch sonstige Beobachtungen im Freileben zu finden.

Eine verstärkte Einfuhr dieser damals seltenen Sperlingspapageien erfolgte erst nach dem 1. Weltkrieg. So beschreibt E. Schütze in dem damaligen AZ-Organ »Vögel ferner Länder«, daß sich im Juni 1923 in einem größeren Trans-

Blauflügel-Sperlingspapagei (Rasse: Dickschnabel-Sperlingspapagei – F. x. crassirostris). Besonders gut ist der gerillte dicke Schnabel zu erkennen.
Unten: Blauflügel-Sperlingspapagei (Rasse: Kolumbianischer Sperlingspapagei – F. x. spengeli).

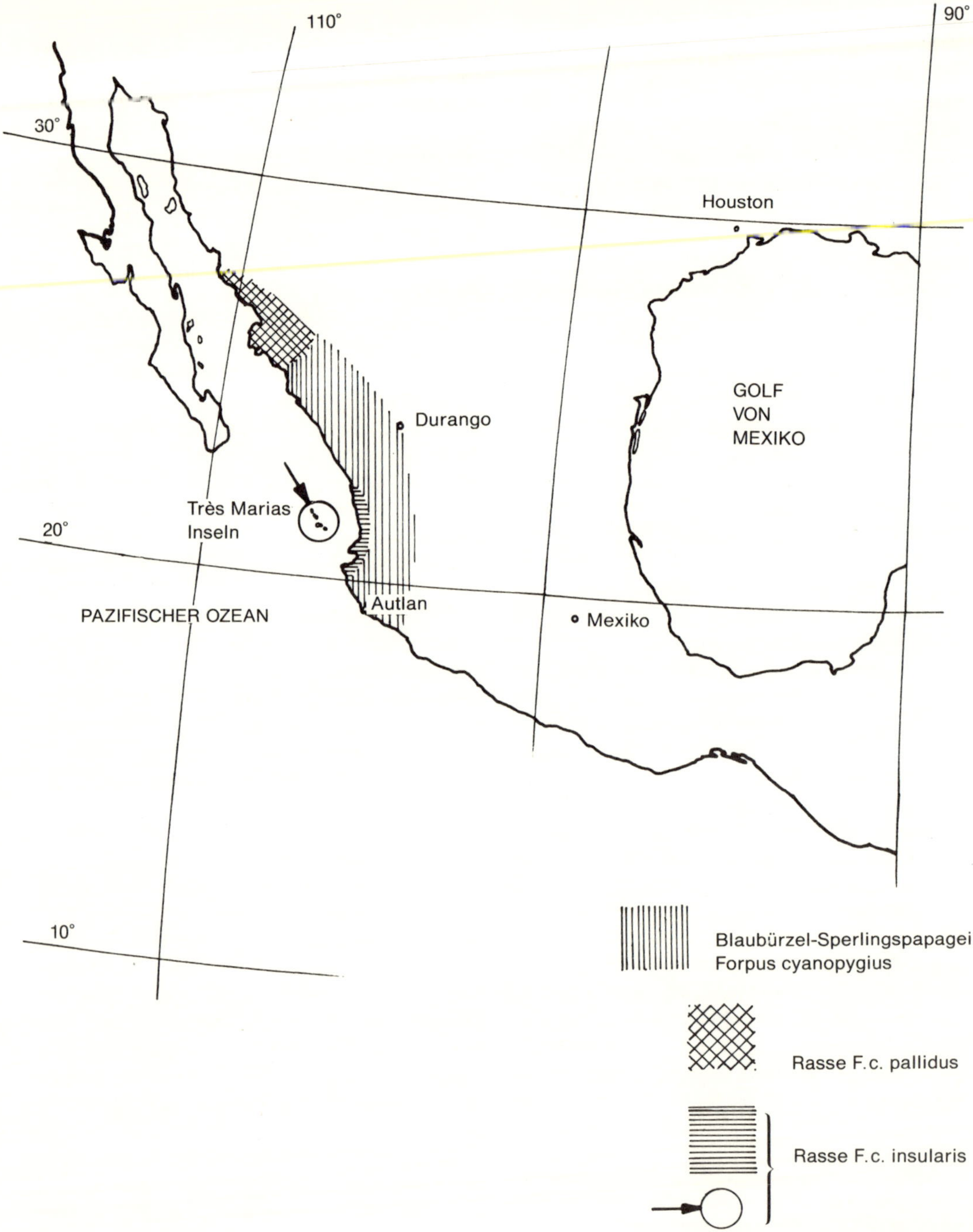
110°
90°
30°
20°
10°
Houston
GOLF
VON
MEXIKO
Durango
Très Marias
Inseln
Autlan
PAZIFISCHER OZEAN
Mexiko
Blaubürzel-Sperlingspapagei
Forpus cyanopygius
Rasse F.c. pallidus
Rasse F.c. insularis

port aus Mexiko auch 15 Sperlingspapageien befanden, die sich durch ihre Größe und hellblauen Bürzel von den bisher bekannten Arten unterschieden. Er erwarb ein Paar, das er in eine 4 m lange Freivoliere mit Prachtfinken vergesellschaftete. Ein ganzes Jahr geschah nichts. Erst als er das Paar 1925 in einer Voliere innerhalb seines Vogelhauses unterbrachte, begannen die Vögel mit dem Brutgeschäft und im September 1925 verließen 4 Junge im Verlaufe von 11 Tagen (!) den Nistkasten. Bereits nach acht Tagen begannen sie selbständig mit der Futteraufnahme. Zunächst sahen alle Jungvögel gleich aus. Erst nach zwei Monaten zeigte ein Jungvogel einzelne blaue Federchen auf dem Bürzel. Als Aufzuchtfutter verwendete Schütze Eibrot, hartgekochtes Ei, aufgebrühte Ameisenpuppen und gequollene Kolbenhirse. Im gleichen Jahr erfolgten keine weiteren Zuchtversuche. Schütze folgerte daraus, daß auch im Freileben nur eine Brut stattfindet. Diese Zucht ist mit Sicherheit als deutsche Erstzucht einzustufen. Trotz aller Bemühungen konnte ich auch in der sonstigen Vogelliteratur keinen früheren Zuchtbericht finden, so daß sogar eine Welterstzucht vermutet werden darf. In England soll Mrs. Goddard 1927 Blaubürzel-Sperlingspapageien gezüchtet haben.

In den letzten 20 Jahren ist der Blaubürzel öfter gezüchtet worden, aber nie häufig. Er gehört auch heute noch zu den seltenen Arten in Europa.

Meine Mexikaner bevorzugen Kolbenhirse, nehmen gerne Hanf (der aber nur streng rationiert gefüttert werden darf) und Sonnenblumenkerne. Hafer wird der Hirse vorgezogen, besonders Nackthafer. Auch Glanzsamen wird nicht verschmäht. Besonders beliebt sind Obstbaumzweige, die eifrig benagt werden, ebenso halbreifer Mais und Karotten. Von den halbreifen Sämereien ist die Ackermelde sehr beliebt.

Mit anderen Sperlingspapageien sollte man die Blaubürzel nicht vergesellschaften. Sie zeigen sich sehr aggressiv und sind bestenfalls mit Prachtfinken zusammen zu halten. Infolge ihrer Größe sind sie den meisten anderen Sperlingspapageien überlegen und bringen dies auch deutlich zur Geltung.

Blauflügel-Sperlingspapagei

Forpus xanthopterygius (Spix 1824)
engl.: Blue-winged Parrotlet
franz.: Perruche moineau à ailes bleues
Rassen: *Forpus x. crassirostris* (Taczanowski)
(Dickschnabel-Sperlingspapagei)
Forpus x. flavescens (Salvadori)
(Santa Cruz-Sperlingspapagei)
Forpus x. flavissimus (Hellmayr)
(Blaßgelber Blauflügel-Sperlingspapagei)
Forpus x. olallae Gyldenstolpe
(Olalla-Blauflügel-Sperlingspapagei)
Forpus x. spengeli (Hartlaub)
(Kolumbianischer Sperlingspapagei)

In älteren Nomenklaturen wurden die Blauflügel-Sperlingspapageien auch als *Forpus passerinus* bezeichnet, was zu erheblichen Unklarheiten geführt hat. Heute führen allein die Grünbürzel-Sperlingspapageien diese lateinische Bezeichnung. Ebenso ist anstelle der früheren Bezeichnung *vividus* heute *xanthopterygius* getreten.

Nominatform:
Farbe und Zeichnung:
Männchen: Insgesamt hellgrüne Grundfarbe (Maigrün), wobei die Gesichtsregion leicht grün-gelblich, jedoch ohne Absatz fließend in das leuchtend grüne Bauchgefieder übergeht. Oberrücken und Flügeldecken eine Nuance dunkler grün, so daß kaum wesentlich verschiedene Grüntöne am Rücken und Bauch zu unterscheiden sind. Unterrücken und Bürzel intensiv violettblau, ebenso der obere Teil der Handschwingen und Handdecken. Flügelunterseite an der gleichen Stelle ebenso gleichmäßig violettblau. Leuchtend grüne Außenfahnen, dunkelgrüne Innenfahnen, Schwanzgefieder oben Hellgrün, unten schmutziggrün, Augen tief dunkelbraun, Schnabel und Krallen hellgrau, Füße hell graubraun.

Weibchen: Alle grünen Farben unbedeutend matter, alle blauen Gefiederpartien fehlen, Bürzel smaragdgrün, sonst dem Männchen entsprechend.

Typ, Größe, Gestalt: Bei einer Größe von ca. 125 mm gehört er zu den mittelgroßen Sperlingspapageien. Eher zierlich ist die tropfenförmige Gestalt, wobei die leicht gewölbte Kopfform harmonisch in eine kaum eingezogene gerade Rückenlinie übergeht. Brust und Bauch sind gleichmäßig gewölbt, ohne extrem hervorzutreten. Die Flügel liegen eng an, kreuzen nicht und reichen fast bis an das Schwanzende.

Vorkommen (Gesamtvorkommen aller Rassen): Die westliche Verbreitungsgrenze verläuft vom nordwestlichen Kolumbien rechts der Anden durch Zentral- und Ost-Peru, durch das östliche Bolivien und das nördliche Paraguay, das nordöstliche Argentinien noch berührend bis zum Rio Grande do Sul im Süden. Der nördliche Bereich umfaßt das gesamte Amazonasgebiet, verläuft östlich über Maranhao bis Ceara und dann über das gesamte Ost-Brasilien wieder hinunter bis zum Rio Grande do Sul.

Verbreitungsgebiet der Nominatform: F. xanthopterygius hat das größte Verbreitungsgebiet und gleichzeitig das südlichste. Es reicht von Mittel- und Ost-Brasilien in der Provinz Bahia bis hinunter in das südliche Brasilien im Gebiet Rio Grande do Sul sowie dem nördlichen Zipfel Argentiniens bei Corrientes und bis zum östlichen Paraguay.

Rasse: Dickschnabel-Sperlingspapagei
Forpus x. crassirostris
Diese Rasse fällt besonders durch einen kräftigeren und dickeren Schnabel bei beiden Geschlechtern auf. Der Oberschnabel ist seitlich in der Mitte eingezogen, so daß eine deutliche Rille waagerecht zum Schnabelverlauf zu erkennen ist.

Männchen: Stirn und Wangen sind smaragdgrün und setzen sich deutlich von dem dunkleren graugrünen Rückengefieder ab. Die blauen Abzeichen der Flügel und des Bürzels sind tief dunkelrotviolett, die vorderen Schwingendeckfedern matter graublau und abgesetzt von den violettblauen hinteren Schwingendeckfedern.

Weibchen: Grün mit dunklerem Überhauch, ohne Gelb.

Rasse: Santa Cruz-Sperlingspapagei
Forpus x. flavescens
Männchen: Von *F. x. flavissimus* kaum zu unterscheiden, höchstens dadurch, daß der Gelbton im Gesamtgefieder noch ausgeprägter ist, besonders im Kopf- und Halsbereich. Die blauen Abzeichen sind heller blau: ein aufgehelltes Kobaltblau.

Weibchen: Gelblich grün, besonders am Kopf stark gelblich.

Rasse: Blaßgelber Blauflügel-Sperlingspapagei:
Forpus x. flavissimus
Männchen: Nur geringfügig kleiner als Nominatform. Besonders am Brust-Bauchgefieder deutlich gelblicher grün. Wangen und Hals abgesetzt lemonengrüngelb, am Vorderkopf und Kehle zitronengelb. Die violettblauen Abzeichen leicht aufgehellt, mehr kobaltblau.

Weibchen: Ist ebenfalls gelblicher grün, besonders am Kopf.

Sein Verbreitungsgebiet schließt sich nördlich an das von *F. x. xanthopterygius* in Nordost-Brasilien, im Ceara- und Maranhaogebiet an.

Rasse: Olalla-Blauflügel-Sperlingspapagei
Forpus x. olallae
Kleinste Rasse, etwa 115 mm lang. Grünes Gefieder insgesamt dunkler als bei der Nominatform und ohne Gelbschimmer. Rückenpartie gegenüber Unterseite noch etwas dunkler grün abgesetzt. Blaue Markierung an Flügel und Bürzel violettblau. Schnabelrille wie bei *F. x. crassirostris.*

Sein Vorkommen ist lediglich bekannt aus der Gegend um Codajas und Itacoatiara am Nordufer des östlichen Amazonas.

90°
80°
70°
60°
50°
40°
30°
20°
10°
0°
10°
Caracas
ATLANTISCHER OZEAN
Äquator
Manaus
Amazonas
Lima
La Paz
Brasilia
PAZIFISCHER OZEAN
Santiago
Buenos Aires
Kap Hoorn
Blauflügel-Sperlingspapagei
Forpus x. xanthopterigius
Rasse F. x. flavenscens
Rasse F. x. crassirostris
Rasse F. x. flavissimus
Rasse F. x. spengeli

Rasse: Kolumbianischer Sperlingspapagei
Forpus x. spengeli
Männchen: Ähnelt stark der Nominatform und ist nur geringfügig kleiner. Das wesentliche Unterscheidungsmerkmal ist ein helles Blau am Unterrücken und Bürzel, ebenso an der Basis der Armschwingen und großen Flügeldecken. Die inneren Handdecken sind violettblau. Bei ausgebreiteten Flügeln ist die blaue Farbabstufung gut zu erkennen. Die Flügelunterseite ist hell kobaltblau mit dunklem Violettblau durchsetzt.

Weibchen: Alle blauen Abzeichen des Männchens durch Grün ersetzt, lediglich der Kopf erscheint etwas gelblicher als bei der Nominatform.

Das Verbreitungsgebiet ist von den anderen Rassen völlig getrennt und liegt im nördlichen Kolumbien, an der karibischen Küste, bei den Santa Marta-Bergen und hauptsächlich am unteren Magdalena-Fluß.

Freileben: Der Blauflügel-Sperlingspapagei hat mit allen seinen Rassen das größte Verbreitungsgebiet in Südamerika. Entsprechend wechseln die Biotope, beginnend beim tropischen Regenwald im Amazonasgebiet bis hin zu den Gebirgsregionen des Mato Crosso und den Ebenen der Pampas. In diesem riesigen Verbreitungsgebiet war die Bildung von Rassen unausbleiblich. Ebenso unterschiedlich wie das Klima, das vom tropischen zum subtropischen übergeht, sind auch die Berichte über das Freileben der verschiedenen Rassen. Verständlicherweise findet man kaum Berichte über die urwaldbewohnenden Rassen *F. x. crassirostris* und *F. x. olallae* aus dem Amazonasgebiet. Diese kleinen Vögel verschwinden dort völlig im ewigen Grün der riesigen Bäume und sind bestenfalls gelegentlich in den gerodeten Ansiedlungen der Menschen zu sehen.

Häufiger sind die Berichte aus dem südlicheren subtropischen Bereich, wo auch die menschlichen Ansiedlungen häufiger sind. Da hier hauptsächlich die Nominatform beheimatet ist, war diese Rasse auch die erste, die nach Europa gelangte. Verschiedene Forscher berichten, daß sie häufig im Buschland beobachtet werden konnte, meist in kleineren Flügen bis höchstens 20. Nur selten waren Flüge bis 50 und mehr Vögel zu sehen, die gleich einem Finkenschwarm in enger Formation und in schnellem Flug das Buschland durchfliegend den höheren Bäumen zustrebten. Dieser Formationsflug dient demselben Zweck wie das Schwarmverhalten unserer heimischen Vögel, nämlich den Beutegreifern die Jagd zu erschweren.

Während der Brutzeit, die meist in die dortige Frühlingszeit (September-Oktober) fällt – in den tropischen Zonen vermutlich früher, in den südlichen Zonen später –, sieht man sie meist paarweise.

Das Vorkommen ist sehr unterschiedlich und wird in einzelnen Gebieten häufig beschrieben, wie z. B. in dem Raum Bahia, während die Blauflügel in anderen Landstrichen völlig fehlen. So berichtet Mitchell, daß er in der Gegend von Sao Paulo häufig Sperlingspapageien beobachten konnte, selbst in den Parks der Stadt. Dieser gebietsweise zu- und abnehmende Bestand hängt vermutlich weitgehend mit der Nahrungsuche zusammen, die die Vögel außerhalb der Brutzeit veranlaßt, weite Gebiete zu durchstreifen.

Die in Nord-Kolumbien verbreitete Rasse *F. x. spengeli* wird von verschiedenen Forschern ebenfalls als häufig vorkommend beschrieben. Dugand fand sie überall, ausgenommen in Dürrezonen, vorwiegend im Buschland und in offenen Wäldern entlang des Magdalena-Flusses.

Die Ernährung besteht hauptsächlich aus Grassamen, aber auch Beeren, Früchte, Blütenknospen und keimende Saat, besonders halbreife Sämereien werden aufgenommen.

Der Bestand an freilebenden Blauflügel-Sperlingspapageien dürfte derzeit weitgehend als gesichert anzusehen sein und es besteht für die weitere Zukunft kaum Grund, eine Bestandsgefährdung dieser Art befürchten zu müssen.

Erstzucht: Blauflügel-Sperlingspapageien gehörten zu den ersten dieser Kleinpapageien, die in Europa eingeführt wurden. Sie sollen schon 1682 in einer Menagerie in Frankreich gehalten worden sein. Auch wurden sie bereits 1648 von Marcgrave beschrieben und ebenso 1767 von Linné. Ein Zuchtbericht liegt aber erst aus dem Jahre 1867 von Ruß vor, der darüber in seinem Buch »Die fremdländischen Stubenvögel, Band III: Papageien« ausführlich berichtet. Bemerkenswert ist, daß er durch diese Zucht erstmals beweisen konnte, daß nur die Männchen die blauen Abzeichen tragen und die rein grünen Weibchen nicht etwa eine andere Art darstellen, wie dies manche Ornithologen der damaligen Zeit noch annahmen. Ruß vermerkt dazu, daß sein Zuchterfolg nicht der erste, aber der bedeutungsvollste war, da damit eindeutige Klarheit in bezug auf die Geschlechter geschaffen wurde.

Haltung, Fütterung, Zucht

Alle Rassen des Blauflügel-Sperlingspapageis kommen aus tropischen und subtropischen Zonen. Eine ganzjährige Haltung in Freivolieren sollte man daher erst gar nicht probieren. Temperaturen unter 10° C oder gar unter dem Gefrierpunkt können die Vögel zwar kurzzeitig überstehen, aber nicht ständig. Eine Zucht ist damit illusorisch. Erst wenn die Temperaturen ständig über 15° C liegen, ist mit Zuchterfolgen zu rechnen. Bei der Nominatform, die ja aus gemäßigteren Zonen kommt, sind deshalb bei uns auch die meisten Zuchterfolge zu verzeichnen. Ein durchgezüchteter Stamm, d.h. mehrere Generationsfolgen, bietet gute Gewähr für eine erfolgreiche Nachzucht. Am besten setzt man nur ein Pärchen in eine Einzelbox, die möglichst über Augenhöhe angebracht sein soll; die Vögel fühlen sich dort sicherer und schreiten leichter zur Brut. Die Wahl der Nistkästen ist nicht unbedingt entscheidend. Ich habe erlebt, daß sowohl in WS-Kästen im Querformat, als auch im Hochformat und in Naturstämmen erfolgreiche Bruten gezeitigt worden sind. Wichtiger ist, daß die Vögel möglichst wenig gestört werden, auch nicht durch eventuelle Mitinsassen in größeren Flugräumen.

Ein gutes Weichfutter sollte schon vor Brutbeginn bereitstehen, damit die Altvögel sofort nach dem Schlupf der Jungen mit Nahrung, an die sie sich schon vorher gewöhnt haben, dienen können. Angekeimte Sonnenblumenkerne werden gerne genommen, ebenso Glanzsamen und Negersaat. Besonders Kolbenhirse ist beliebt, während andere Hirsearten kaum beachtet werden. Karotten und halbreife Sämereien sind wichtige Bestandteile für eine erfolgreiche Nachzucht. Vogelmiere ist hier an erster Stelle zu nennen.

Die Geschlechter der Jungvögel sind leicht zu unterscheiden, weil junge Männchen bereits blaue Abzeichen zeigen. Völlige Umfärbung erfolgt nach einem halben bis dreiviertel Jahr. Die Jungvögel sind gewöhnlich mit einem Jahr geschlechtsreif. Frühere Bruten sind vorgekommen, aber meist mit schlechten Befruchtungsergebnissen. Die Gelege bestehen aus 4–5, selten aus mehr Eiern.

Blaugenick-Sperlingspapagei

(Himmelspapagei, Blaunacken-Sperlingspapagei)
Forpus coelestis (Lesson 1847)
engl.: Celestial Parrotlet, Pacific Parrotlet
franz.: Perruche moineau à dos gris

Bei Ruß wird er noch als Zwergpapagei mit blauem Schläfenstrich *(Psittacus coelestis)* erwähnt (1889), während Reichenow ihn als graurückigen Sperlingspapagei *(Forpus coelestis codetis)* bezeichnet und den Gelbmasken-Sperlingspapagei *(Forpus coelestis xanthops)* als Unterart aufführt. Zwischenzeitlich wird dieser als eigene Art eingestuft.

Es sind keine weiteren Rassen bekannt.

Farbe und Zeichnung:

Männchen: Rücken, Schultergefieder und innere Handschwingen dunkel-graugrün, äußere Handschwingen und Schwanzdecken dunkelgrün. Die Armschwingen und der Bürzel sind kobaltblau mit violettem Anflug. Die kobaltblaue Zeichnung setzt sich am Flügelbug bis zur Achsel in einem schmalen Streifen fort. Brust und Oberbauch graugrün, nach unten in Hellgrün übergehend. Stirn, Scheitel und die Wangen sind leuchtend hellgrün und bilden einen feinen Kontrast zum fahlblauen Streifen hinter dem Auge. Die Halsseiten und der Nakken haben einen blaugrauen Überhauch, welcher zwischen den Schultern ins Graugrüne übergeht. Das Hellgrün am Kopf kann leicht zur Brust hin auslaufen. Schnabel matt hornfarben; Nasenhaut hellbraun; Füße fleischfarben bis hellbraun; Auge dunkel.

Die *Weibchen* sind in der Grundfarbe heller und matter. Das Blau im Gefieder fehlt ganz und ist durch Hellgrün ersetzt. Das Bürzelgefieder ist matt hellgrün und kann einen blauen Überhauch haben.

Typ, Größe, Gestalt: Kompakter Vogel mit einer Gesamtlänge von 125–130 mm und aufrechter Haltung (55–60 Grad). Kopf gleichmäßig gewölbt mit leicht vorstehendem Schnabel. Die Rückenlinie soll bis zur Schwanzspitze gerade verlaufen. Die Brust ist breit, etwas gewölbt und verjüngt sich zum Schwanz hin gleichmäßig. Die Flügel sind enganliegend und reichen ohne sich zu kreuzen bis zum unteren Drittel des Schwanzes. Dieser ist kurz und keilförmig.

Gewicht: Jungvögel 30 g, Altvögel 32–34 g.

Eigröße: 20 × 16 mm, Farbe: weiß.

Jungvögel: Ausgeflogene Jungvögel haben weitgehend die Farben der Alten, nur insgesamt blasser. Hähne und Hennen sind bereits im Nest zu erkennen. Die jungen Weibchen zeigen von Anfang an die blauen Abzeichen der alten Männchen.

Mutationen: In den AZ-Nachrichten 9/1985 beschreibt S. Bischoff die Zucht von Falben, die bei Wax erstmalig 1981 aus einem normalen Paar gefallen waren. Der Jungvogel hatte rote Augen, war ein Weibchen und hatte stark verdünnte Farben. Die nachfolgende Brut mit demselben Paar brachte wieder einen Falben, diesmal ein Männchen.

Nachfolgende Verpaarungen ergaben eindeutig die rezessive Vererbung sowie die eindeutige Mutation von tatsächlichen Falben. Somit ist zum erstenmal bei Blaugenick-Sperlingspapageien eine Mutation zustande gekommen.

Vorkommen: West-Ecuador bis Nordwest-Peru, längs der Westküste Südamerikas von Bahia de Caraques bis Trujillo. Dieses Gebiet wird im Westen vom Pazifik und im Osten durch die Kordilleren (Anden) begrenzt, etwa entlang des 80. Längengrades. Im Norden reicht die Ausdehnung nicht ganz bis zum Äquator, im Süden fast zum 10. Breitengrad; es ist der am westlichsten gelegene Küstenstrich von Südamerika. Das Land ist zumeist eine trockene Buschlandschaft ohne nennenswerte Erhebungen und ist kaum besiedelt. Nutzung erfolgt zumeist durch Viehherden.

Freileben: In seinem Lebensraum ist der Blaugenick-Sperlingspapagei noch relativ häufig anzutreffen. Er schließt sich nach der Zuchtzeit zu größeren Familiengruppen zusammen. Selbst Schwarmbildungen wurden beobachtet, die dann exakt im Fluge Schwenkungen vollführen, ähnlich unseren Starenschwärmen. Bei der Suche nach Nistplätzen sind Blaugenick-Sperlingspapageien nicht wählerisch und nehmen, was sich bietet: alte Spechthöhlen, morsche Zaunpfähle, Mauernischen, alles was irgendwie nach einer Höhle aussieht und eine kleine Mulde zur Aufnahme der Eier enthält. Nistmaterial wird nicht eingetragen.

Eingeborene nehmen oft die Jungen aus dem Nest und päppeln sie groß, um sie als zahme Hausgenossen zu halten.

Im Freileben ernähren sich diese Sperlingspapageien von halbreifen Samen und Früchten. Sie gehen ungern auf den Boden und fressen lieber direkt von den Sträuchern und Bäumen.

Ihr Badebedürfnis ist gering. Es genügt ihnen, im taufeuchten Gras herumzuschlüpfen (in der Voliere wird ab und zu der Trinknapf zum Baden benutzt).

Grünbürzel-Sperlingspapagei (Nominatform). Rechts: Männchen; vergleiche Flügelaufnahme Seite 70.

Erstzucht: Die Einfuhr dieser schönen Vögel nach Europa erfolgte relativ spät. Zu Zeiten von K. Ruß gab es sie noch nicht in Europa und sie wurden auch in den zwanziger Jahren nur äußerst selten importiert. Nach R. Low erfolgte die Erstzucht 1938 durch R.F. Losky in Peru. In Europa gelang die vermutliche Erstzucht erst nach dem 2. Weltkrieg durch J. Delacour 1958 in Frankreich. In Deutschland ist die Erstzucht nicht mehr mit Sicherheit zu ermitteln. W. Grote aus Hildesheim hatte 1963 Zuchterfolge, ebenso W. Langberg und A. Jensen in Dänemark.

Erst in den siebziger Jahren fand der Blaugenick-Sperlingspapagei in größerem Umfang Eingang in die Liebhabervolieren und gehört heute zu der am meisten gehaltenen und gezüchteten Art der Sperlingspapageien.

Haltung, Fütterung, Zucht

Blaugenick-Sperlingspapageien sind keine schwierigen Vögel und stellen keine besonderen Ansprüche im Hinblick auf Haltung und Fütterung. Sie können sowohl in Käfigen als auch in Volieren gehalten werden. Die Käfige sollten jedoch nicht unter 1 m lang sein. Ausreichendes Licht ist unbedingt erforderlich. Die Haltung sollte in kleineren Räumen nur paarweise erfolgen, da sonst auf engem Raum unweigerlich Streitigkeiten entstehen, die oft mit blutigen Beißereien enden, bei denen besonders die Zehen in Mitleidenschaft gezogen werden. In größeren Volieren können Jungvögel schon in Flügen zusammengehalten werden, doch wird man feststellen, daß sie sich auch hier bald paarweise absondern. Einzelhaltung ist nicht zu empfehlen, die Einzelvögel verkümmern; sie brauchen einen Partner. Selbst in einem Flug mit nur Männchen oder Weibchen sind immer zwei Tiere vorwiegend zusammen und verteidigen ihren Bereich gegen die anderen. Da die Blaugenick-Sperlingspapageien schon längere Zeit in unseren Breiten gezüchtet werden, lassen sie sich auch an frostfreien Tagen in der Freivoliere halten. Vor Frost sind sie auf alle Fälle zu schützen.

Die Fütterung entspricht weitgehend dem Prinzip, wie es im allgemeinen Teil beschrieben wurde. Alle gängigen Wildsämereien werden gerne als Zusatzfutter genommen, besonders Vogelmiere, aber auch halbreife Maiskolben und die reifen Beeren des Sanddorns. Kolbenhirse ist immer beliebt, ebenso Karotten, sowohl in Naturform als auch gerieben pur oder untergemischt unter Weichfutter. Äste zum Benagen werden ausgiebig und gründlich bearbeitet und sind in kürzester Zeit blank.

Auch in der Zucht sind Blaugenick-Sperlingspapageien nicht heikel. Einfache Wellensittich-Nistkästen, möglichst in liegender Form, werden problemlos angenommen. Die liegenden Kästen sind den stehenden vorzuziehen, da die Eier nicht so leicht beim Einschlüpfen beschädigt werden. Das Männchen übernachtet während der Brutzeit gerne im Kasten. Eine Nistmulde muß vorhanden sein, mit etwas Sägemehl oder Holzmulm bestreut. Nistmaterial wird nicht eingetragen.

Die Brutzeit beträgt 20–22 Tage. Der Zeitunterschied des Schlüpfens der Jungen entsteht durch den Zeitpunkt des Brutbeginns, der unterschiedlich ist, je nachdem ab wann das Weibchen tatsächlich fest auf den Eiern sitzt. Dies ist nicht immer leicht zu bestimmen, da gewöhnlich schon nach dem ersten Ei der Kasten ganztägig besetzt und nur noch zur Futteraufnahme oder zur Kotentleerung verlassen wird. Sehr oft findet auch die Kopulation im Kasten statt. Eine Kopulation auf der Stange erfolgt immer von der Seite. Das Weibchen duckt sich und dreht den Bürzel dem Hahn zu, während dieser mit dem einen Fuß die Sitzstange umkrallt und den anderen Fuß sowie einen Flügel über den Rücken des Weibchens legt. In dieser Stellung werden die Kloaken seitlich aneinandergerieben. Ich konnte auch des öfteren feststellen, daß die Kopulation umgekehrt erfolgte, d.h. das Weibchen nimmt dann die Stellung des Hahnes ein!

Oben: Grünbürzel-Sperlingspapagei, Nominatform: F. passerimus. Unten: Venezuela-Grünbürzel-Sperlingspapagei F. p. viridissimus.

Meist geht ein kleines Balzspiel voraus, das der Hahn durch Lüften der Schwingen, Hochrecken und schnell hintereinander ausgestoßene helle Pfeiflaute eröffnet. Frontal zueinander werden schnelle Vorwärtsverbeugungen durchgeführt, bei denen die Schnäbel oft hörbar auf dem Ast aufschlagen. Auch ein Anboxen der Schnäbel gegenseitig erfolgt öfters und endet manchmal mit einem unkontrollierten Aufeinanderhacken. Gleich darauf sitzen die Partner wieder friedlich nebeneinander und kraulen sich. Auch füttert der Hahn in diesem Stadium intensiver als in normalen Zeiten. Das Füttern des Partners erfolgt auch außerhalb der Zuchtzeit.

Die Jungen sind nach dem Ausfliegen fast selbständig und beginnen sofort mit der Futteraufnahme. Eine Fütterung durch die Alten, besonders durch den Hahn, erfolgt nur noch gelegentlich und selten länger als 8 Tage. Es ist angezeigt, genügend Weichfutter und Kolbenhirse an leicht zugänglichen Stellen zur Verfügung zu stellen, in der Voliere jedoch möglichst nicht auf dem Boden, sondern an einem erhöhten Platz. Grünfutter und halbreife Sämereien oder gekeimtes Futter ist empfehlenswert.

Jungvögel, die in einem größeren Flug zusammenleben, zeigen oft Schwarmverhalten, d.h. wenn einer von ihnen anfängt zu fressen, folgen alle anderen unweigerlich. Auch die Gefiederpflege wird zusammen vorgenommen, wobei gewisse Rangfolgen beachtet werden. Notfalls wird diese Hackordnung tatsächlich durch Aufeinanderhacken festgelegt. Ein neu hinzugekommener Vogel muß sich erst in diese Ordnung einfügen, was nicht immer ohne Streitereien abgeht.

Es gibt aber auch ein Sozialverhalten im Schwarm. Das Nesthäkchen einer fünfköpfigen Brut mußte ich von den Altvögeln trennen, weil die Alten wieder in Brutstimmung waren und das Junge erbarmungslos verfolgten. Ich gab nicht viel für ein Überleben, als ich es zu anderen Jungvögeln in die Flugvoliere setzte. Nach 2–3 Tagen mußte ich aber zu meiner Überraschung feststellen, daß das Junge nicht verhungert war. Es hatte einfach die etwas älteren Jungvögel des Schwarmes angebettelt und der Fütterungsinstinkt dieser bestenfalls 4–5 Monate alten Vögel wurde geweckt. Die Fütterung war nicht so intensiv wie bei Altvögeln, aber sie reichte aus, da sich schließlich mehrere dieser Jungvögel an der Gemeinschaftsfütterung beteiligten.

Gelbmasken-Sperlingspapagei

(Gelbgesicht-Sperlingspapagei, Gelbwangenpapagei)
Forpus xanthops (Salvin 1895)
engl.: Yellow-Faced Parrotlet
franz.: Perruche moineau à masque jaune

Reichenow führt ihn in seinem Buch »Vögel ferner Zonen, Papageien« noch als Unterart des Blaugenick-Papageis *Forpus coelestis xanthops* auf. Bei Wolters jedoch wird er als selbständige Art bestätigt.
Keine Rassen.
Farbe und Zeichnung:
Männchen: Stirn, Wangen und Kehle intensiv gelb. Ein deutlicher Kontrast zur gelben Maske bildet ein blaugrauer Streifen, der sich hinter dem Auge auf Hinterkopf und Halsseiten erstreckt. Rücken und Flügeldecken sind grün mit grauem Überhauch. Bürzel kobaltblau, Handdecken violett. Außenfahnen der Handschwingen und Oberseite des Schwanzes grün. Innenfahnen der Handschwingen anthrazitgrau. Brust und Bauchgefieder gelbgrün. Unterschwanzdeckel hell gelbgrün. Schnabel hornfarbig mit breitem dunkelbraunem Streifen über dem Rücken des Oberschnabels.

Weibchen: Ähnlich dem Männchen. Gesamtfarben unwesentlich matter. Blaue Abzeichen am Flügel fehlen. Bürzel heller blau.

Typ, Größe und Gestalt: Tropfenförmige Gestalt von 145–150 mm Größe mit aufrechter Haltung (ca. 55–60 Grad). Die Gestalt wirkt insgesamt massiger als bei anderen Sperlingspapageien. Massiver breiter Kopf, hoch gewölbt und etwas länglich. Schnabel fast eingezogen. Rückenlinie bis zum Schwanzende gerade durchlaufend. Breite, nach vorn gewölbte Brust, die harmonisch gerundet vom Schnabel bis zum Schwanz verläuft. Flügel werden enganliegend getragen, kreuzen nicht und verdecken ⅔ des Schwanzes, der keilförmig ist.

Vorkommen: Die Verbreitung ist auf ein relativ kleines Gebiet in Nordwest-Peru im oberen Maranontal in den Kordilleren beschränkt. Der Maranon ist ein Quellfluß des Amazonas. Baum- und Strauchsavanne wechselt mit Trokkenwald bis hin zum subtropischen Regen- und Bergwald auf den Höhen. Die Besiedelung ist dünn und hauptsächlich abhängig von Silberminen und sonstiger Gewinnung von Bodenschätzen. Die Durchschnittstemperaturen liegen zwischen 10° C im Winter und 25° C im Sommer. Die Niederschläge sind gering, das Klima verhältnismäßig trocken.

Freileben: Es liegen so gut wie keine Berichte aus dem Freileben vor, da, wie bereits erwähnt, die Besiedelung des Gebietes sehr gering ist. Meyer de Schauensee berichtet, daß das Vorkommen bis in 1700 m Höhe reicht.

Erstzucht: Weder in der in- noch ausländischen Literatur findet man Hinweise auf eine Zucht vor dem Jahre 1980. Auch fanden anscheinend keine Einfuhren vor 1975 in Europa statt. So war es eine kleine Sensation, als diese Vögel erstmals 1975 in Deutschland erschienen. W. Heinrich aus Mainz hat ein Paar erworben, das er später an den Vogelpark Walsrode abgab. Leider gelang jedoch keine Nachzucht. Ein Bericht darüber erschien in den AZ-Nachrichten 6/1976. In den Jahren 1979–1980 kamen dann nochmals und letztmals Gelbmasken-Sperlingspapageien nach Deutschland. In den AZ-Nachrichten 2/1982 berichtete Peter Frenger über die erfolgreiche Zucht. Ein Paar, das er im Oktober 1980 erworben hatte, begann Mitte Februar 1981 den Wellensittich-Nistkasten im Querformat aufzusuchen. Das erste Ei wurde am 8. März gelegt. Es folgten fünf weitere Eier im Abstand von 2 Tagen. Am 31. 3. waren die beiden ersten Jungen geschlüpft, denen am 1., 4., 5., und 6. April vier weitere folgten. Brutzeit demnach ca. 21 Tage. Sie hatten einen weißen, dichten Flaum und einen großen Eizahn. Im Alter von 32 bis 35 Tagen verließen sie voll befiedert den Nistkasten.

Wie oftmals bei Erstzuchten, sind noch im gleichen Jahr drei weitere Zuchten bekannt geworden. W. de Grahl berichtet über die gelungene Zucht bei B. Banzer in Radolfszell und in den AZ-Nachrichten 10/1983 beschreibt Herr Friebe ebenfalls eine gelungene Zucht vom Mai 1981. Sein Paar hatte 5 Eier gelegt, die alle befruchtet waren und alle schlüpften. Das zuerst geschlüpfte Junge ging schon am 2. Tag ein. Die vier anderen wurden großgezogen und waren Anfang August selbständig. Im Oktober 1979 bekam der Midland Bird Garden-Park in Shropshire (England) 12 Wildfänge. Im Sommer 1980 gelang die Zucht. Ein Weibchen legte 6 Eier, und 6 Junge wurden groß. Ein weiteres Paar brachte 3 Junge hoch.

In der Nachzuchtstatistik der AZ für 1985 haben 8 Züchter mit 9 Paaren 52 Jungvögel gezüchtet. Diese respektable Zahl läßt hoffen, daß die Gelbmasken-Sperlingspapageien in Zukunft noch weiter vermehrt werden können, um gesicherte Bestände aufzubauen.

Haltung, Fütterung, Zucht

Gelbmasken-Sperlingspapageien sind nicht nur wählerisch, sondern auch verschwenderisch mit Futter. Es wird sehr viel verschleudert, besonders Weichfutter und Beeren, aber auch Körnerfutter, und dann nicht mehr vom Boden aufgenommen.

Am liebsten fressen meine Gelbmasken Hanf und Sonnenblumenkerne. Beide Futtersorten muß man aber streng rationieren, da die Vögel sonst nichts anderes mehr nehmen, bald verfetten und an Leberschäden eingehen. Ich gebe deshalb Hanf nur alle 8 Tage und Sonnenblumenkerne nur jeden 2. Tag. Dadurch wird auch Glanzsamen und Hafer aufgenommen. Hirse wird kaum beachtet, dagegen ist Negersaat, besonders aber Kolbenhirse, sehr beliebt. Als Keimfutter verwende ich Sonnenblumen und Hafer, sowie gelegentlich Mung-Bohnen eingeweicht, vor allem wenn keine Wildsämereien zur Verfügung stehen. Ganze Karotten werden gerne benagt und den Äpfeln vorgezogen. Sehr beliebt sind fast alle Wildsämereien, besonders Vogelmiere, Hirtentäschel, Gänsedistel und Ackermelde. Als Leckerbissen können die Früchte (Hagebutten) der Hundsrose gegeben werden, aber auch die Beeren des Sand- und Feuerdorns. Sehr gerne werden auch frische Obstbaumzweige benagt sowie halbreife Maiskolben.

Die Haltung muß unbedingt frostfrei erfolgen. Gelbmasken sind eine trockene Wärme gewohnt und fühlen sich bei über 15° C am wohlsten. Auch sollte die Luftfeuchtigkeit nicht über 80% betragen. Man kann Gelbmasken zwar in Flugkäfigen von mindestens 120 cm Länge halten, besser ist aber in jedem Falle eine Flugvoliere. Als die größten Sperlingspapageien wirken sie etwas plumper als ihre Artgenossen und neigen zum Phlegma. Sind sie in zu kleinem Raum untergebracht, bewegen sie sich zu wenig und verfetten zu leicht; Zuchterfolg und Lebensdauer leiden darunter. In Flugvolieren entfalten sie ihre ganze Schönheit. Die Fluggeräusche sind wesentlich deutlicher als bei anderen Sperlingspapageien und erinnern an Wildenten. In der Eingewöhnungszeit können sie scheu sein, gewöhnen sich aber bald an ihren Pfleger und werden im Gegensatz zu manchen anderen Arten bald zutraulich. Bietet man ihnen Leckerbissen an, kommen sie, selbst in der Flugvoliere, alsbald herangeflogen und nehmen sie begierig an.

Während der Zuchtzeit ist neben dem normalen Futter, wie bereits beschrieben, besonders auf eine reichliche Gabe von halbreifen Sämereien oder reifen Beeren zu achten. Daneben reicht man ein handelsübliches Eifutter, bzw. Aufzuchtfutter für Sittiche, dem man fein geriebene Karotten zum Anfeuchten zufügt, sowie wechselweise einige Tropfen Lebertran und Multivitamintropfen. Falls das Weichfutter nicht angenommen wird, genügt es, einige Hanfkörner darunter zu mischen. Die Vögel gewöhnen sich daran sehr schnell. Dieses Aufzuchtfutter gibt man dann, wenn sich die Brutstimmung erkennen läßt. Das Aufsuchen des Nistkastens oder der Tretakt sind dafür die Anzeichen. K. Westen vertritt die Meinung, daß brutbereite Gelbmasken-Sperlingspapageien an dem vergrößerten schwarzen Schnabelfleck kenntlich seien, der sich dann wesentlich voller und glänzender zeigt als außerhalb der Brutzeit.

Die Jungen gleichen den alten Weibchen, sie sind lediglich etwas matter in den Farben. Die blauen Abzeichen an den Flügeln, die Männchen und Weibchen unterscheiden, erscheinen meist erst nach 3–4 Monaten. Erst dann färbt auch der zunächst fleischfarbene helle Schnabel um und erhält allmählich den dunklen Schnabelfleck.

Grünbürzel-Sperlingspapagei

Forpus passerinus (Linné 1758)
engl.: Green-rumped Parrotlet
franz.: Perruche moineau de Guyanne
Rassen: *Forpus p. cyanophanes* (Todd)
(Blaubug-Grünbürzel-Sperlingspapagei)
Forpus p. deliciosus (Ridgway)
(Amazonas-Grünbürzel-Sperlingspapagei)
Forpus p. viridissimus (Lafresnage)
(Venezuela-Grünbürzel-Sperlingspapagei)

Die öfters angeführte Rasse *F. p. cyanochlorus* (Schlegel) ist kaum vertretbar, da so gut wie keine Unterscheidungsmerkmale bestehen und ein Belegexemplar auch bei den untersuchten Bälgen nicht zu finden war. Diese Rasse wird daher in dieser Beschreibung nicht berücksichtigt und sollte auch allgemein aus der Nomenklatur gestrichen werden.

Farbe und Zeichnung:
Männchen: Gesamtgefieder grasgrün. Stirn, Augenpartie und Wangen sind leuchtend hellgrün. Oberrücken und Flügeldecken minimal dunkler grün, manchmal bei älteren Vögeln im Genick mit einem gräulichen Überhauch. Unterrücken und Bürzel smaragdgrün, bei einigen Exemplaren ein leichtes verwaschenes Hellblau, das aber selten sich über den gesam-

90°
80°
70°
60°
50°
40°
30°
20°
10°
0°
10°
Caracas
ATLANTISCHER OZEAN
Äquator
Manaus
Amazonas
Lima
Brasilia
PAZIFISCHER OZEAN
La Paz
Grünbürzel-Sperlingspapagei
Forpus p. passerinus
Rasse F.p. viridissimus
Rasse F.p. cyanophanes
Rasse F.p. deliciosus

ten Bürzel gleichmäßig verteilt. Oberschwanzdecken grün, Unterschwanzdecken heller grün. Handschwingen dunkelgrün mit schwarzen Säumen, Unterseiten der Schwingen bläulichgrün. Flügelbug violettblau, Flügelranddecken heller blau. Augen dunkelbraun, Schnabel hornfarben, Beine bräunlich.

Weibchen: Wie das Männchen, aber ohne blaue Abzeichen. Stirn etwas gelblich.

Typ, Größe, Gestalt: Grünbürzel-Sperlingspapageien sind die kleinsten aller Sperlingspapageien. Gesamtlänge beträgt 115 mm bis maximal 120 mm, je nach Rasse. Sie sind von schlanker Gestalt und sitzen sehr aufrecht, ca. 55–60 Grad. Der Kopf ist gleichmäßig gerundet, der Schnabel eingezogen in die harmonische runde Kopfform, die ohne Knick in den geraden Rücken führt. Die Flügel werden enganliegend getragen, kreuzen nicht und reichen fast bis zum Ende des Schwanzes.

Vorkommen der gesamten Art: Nördlicher Bereich von Trinidad durch Zentral-Venezuela entlang des Orinoco bis Ostkolumbien, dann südöstlich dem Rio Branco folgend zum östlichen Amazonas bis zum Amapa-Gebiet im Nordost-Brasilien, etwa bei Macapa im Amazonas-Delta.

Heimat der Nominatform ist Guyana, Surinam und Franz. Guyana.

Rasse: Blaubug-Grünbürzel-Sperlingspapagei
Forpus p. cyanophanes
Männchen: Etwa wie *F. p. viridissimus* aber mit mehr dunkler violettblauem Flügelbug. Auf den Flügeldecken wird bei geschlossenen Schwingen ein violettblauer runder Fleck sichtbar. Unter den Schwingen mehr violettblaue Marken.

Weibchen: Von der Nominatform nicht zu unterscheiden.

Vorkommen: Ist völlig getrennt von den anderen Rassen in Nord-Kolumbien östlich der Santa Marta Berge.

Rasse: Amazonas-Grünbürzel-Sperlingspapagei
Forpus p. deliciosus
Männchen: Wie Nominatform, Unterrücken und Bürzel smaragdgrün mit hellblauem Anflug, Oberschwanzfedern grünlichgelb, Armschwingen violettblau mit gelbgrünen Enden, obere Flügeldecken heller blau, die zum Schaft hin dunkler blau werden.

Weibchen: Wie Nominatform, lediglich an der Stirn mehr gelblich.

Vorkommen: In Nord-Brasilien im Bezirk Amapa zu beiden Seiten des Amazonas bis etwa Manaus und dem Madeirafluß.

Rasse: Venezuela-Grünbürzel-Sperlingspapagei
Forpus p. viridissimus
Männchen: Wie Nominatform, jedoch im Gesamtgefieder dunkler grün. Oberseite der Schwingen ebenfalls dunkler und kräftiger grün, leicht bläulich überhaucht. Unterschwingen blaugrün mit violetten Flecken an den kleinen Unterflügeldecken.

Vorkommen: Trinidad über Venezuela, südlich des Orinoco von Bolivar bis Ost-Kolumbien. Eingeführt auf Curacao, den Niederländischen Antillen und auf Jamaika.

Freileben: Grünbürzel-Sperlingspapageien kommen aus den wärmsten Gegenden Südamerikas. Ihre vorwiegend grüne Gefiederfarbe läßt sie im Freileben fast unsichtbar werden, wenn sie sich im Laub der Bäume verstekken. Meist verraten sie sich durch ihr ständiges Gezwitscher und werden erst sichtbar, wenn man beim Näherkommen die Flucht auslöst. In wildem Schwarm und mit sperlingsähnlichen Schrecklauten stieben sie davon und lösen sich hin- und herschwenkend in der heißen flimmernden Luft auf. Zweifellos war es das Schwarmgezwitscher, dem sie ihren Namen verdanken, denn von der Gestalt her haben Sperlingspapageien mit unserem Spatz nichts zu tun.

Grünbürzel-Sperlingspapageien bevorzugen offenes Buschland, das mit höheren Bäumen durchsetzt ist. So schreibt Haverschmidt (1968), daß er sie in Surinam häufig beobachten konnte, wann immer er in offenen Landschaften weilte. Wetmore hat sie 1939 öfter in Venezuela beobachtet. Dort hielten sich die Grünbürzel vorwiegend in Weidelandschaften auf, die mit Büschen und Bäumen durchsetzt waren.

Zur Ernährung im Freileben dienen vorwiegend Grassämereien *(Lagerstroemia indica)*, sowie die Beeren der Loranthacea. Es werden aber auch sonstige Früchte, Beeren, Blütenknospen und Sämereien genommen.

Die Brutzeit wird nicht einheitlich angegeben. So schreibt Haverschmidt (1968), daß er Grünbürzel brütend in Surinam im Juni bis August angetroffen hat, während Friedmann (1950) berichtet, daß die Brutzeit in Venezuela von Mai bis August reicht. Cherrie schrieb 1916, daß er ein Nest im April in einem Baumstumpf etwa 4 m über dem Boden fand. Die Nestmulde war etwa 60 cm unter dem Einflugloch. Es wurden auch Nester in Baumtermitenbauten gefunden. Die Gelege sollen zwischen 2–7 Eier enthalten.

Erstzucht: Es muß als sicher angenommen werden, daß diese Art schon im letzten Jahrhundert eingeführt und auch gezüchtet wurde. Da man jedoch damals die Grünbürzel-Sperlingspapageien und die Blauflügel-Sperlingspapageien und ihre Rassen einer einzigen Art zuordnete, ist genaueres dazu schwer festzustellen. Ruß berichtet, daß Franken 1876 in Berlin für grünbürzelige Sperlingspapageien einen ersten Preis auf einer Vogelausstellung erhielt. Auch sollen diese Vögel zur Brut geschritten sein, aber durch eine Störung sei die Zucht nicht gelungen. Wildeboer berichtet 1926 von einer gelungenen Zucht. Dabei soll das Weibchen nachts vom Männchen im Brutgeschäft abgelöst worden sein, was sicherlich auf eine falsche Beobachtung zurückzuführen ist. Den ersten sachlichen Bericht über den Brutablauf bei Grünbürzel-Sperlingspapageien gab 1951 der Direktor des Zoos von Helsinki, C. af Enehjelm. Sein Paar legte 7 Eier und zog 7 Junge ohne Probleme groß.

Haltung, Fütterung, Zucht

Da die Grünbürzel-Sperlingspapageien zu den kleinsten ihrer Gattung zählen, kann man sie paarweise in einem Käfig halten, der jedoch mindestens 1 m, besser 1,20 m lang sein sollte. Wichtig ist ausreichende Wärme, möglichst nicht unter 15° C, und viel Licht. Paarhaltung ist der Gemeinschaftshaltung vorzuziehen, besonders bei engen Raumverhältnissen und zur Zuchtzeit. Jungvögel sind eher verträglich und können im Schwarm in einer größeren Flugvoliere gehalten werden. Bei Gemeinschaftshaltung mit anderen Arten der Sperlingspapageien sind sie als die Kleinsten immer im Nachteil, verstehen es aber geschickt, sich durch ihre Beweglichkeit Angriffen zu entziehen. In einer meiner Flugvolieren gab es sogar Nachzucht, obwohl Glanzsittiche, Blauflügel- und Gelbmasken-Sperlingspapageien Mitbewohner waren. Sie hielten einen kleinen Naturstamm mit sehr engem Einschlupfloch besetzt, so daß die größeren Arten kaum einschlüpfen konnten. Zur Futterstelle flogen sie nur, wenn die anderen Mitbewohner nicht auch dort waren und entzogen sich jeglichen Angriffen sofort, indem sie in der Nisthöhle verschwanden.

Grünbürzel-Sperlingspapageien sind von Natur aus nicht so zutraulich und werden es auch nicht so schnell wie Gelbmasken- und Blaugenick-Sperlingspapageien. Es empfiehlt sich daher, den Käfig möglichst über Augenhöhe anzubringen, wenn man züchten will. Besondere Ansprüche an Nistgelegenheiten werden nicht gestellt, Hauptsache, sie hängen möglichst hoch.

Meine Grünbürzel legten meist 5 Eier, die aber selten alle befruchtet waren. Zur Aufzucht sind unbedingt angekeimte Sämereien oder halbreife Wildsämereien zu reichen. Vorteilhaft ist es, wenn man das Zuchtpaar schon vorher an ein Weichfutter gewöhnt hat, so daß die Jungen von Anfang an von den Altvögeln versorgt werden können, ohne daß wertvolle Zeit verstreicht, bis das Weichfutter angenommen wird. Bei allen Futtersorten muß man bedenken, daß diese kleine Art nicht alle Schalen sprengen kann und deshalb gequollene Sämereien immer vorgezogen werden. Sehr gern werden ölhaltige Sämereien genommen, die aber nur rationiert zu füttern sind, da sie sonst leicht zur Verfettung führen.

Grünbürzel gehören noch zu den weniger gehaltenen Arten unter den Sperlingspapageien. Da Neueinfuhren kaum noch zu erwarten sind, empfiehlt es sich dringend, gute Zuchtstämme aufzubauen, um dieser Art ein gesichertes Dasein in unseren Volieren zu gewährleisten.

Schwarzschnabel-Sperlingspapagei

(Sclaters-Sperlingspapagei)
Forpus sclateri (G.R. Gray 1859)
engl.: Sclaters Parrotlet
franz.: Perruche moineau de Sclater
Rasse: *Forpus sclateri eidos* Peters
Farbe und Zeichnung:

Männchen: Länge 125–130 mm. Unterscheidet sich von allen anderen Sperlingspapageien sehr deutlich durch das tief dunkelgrüne Gefieder. Etwas aufgehellt fahl-grün sind Stirn und Wangen, ebenso Bauch und Steißgegend. Unterrücken und Bürzel sind tief violettblau, wie sonst bei keiner Art. Ebenso findet sich violett-blau an den Flügeldecken und Armschwingen und am Flügelbug. Oberschnabel schwarz-grau, Unterschnabel hornfarben. Beine grau-braun.

Weibchen: Grün etwas aufgehellt, aber immer noch dunkler als bei anderen Arten. Beide Abzeichen fehlen.

Vorkommen: Nord-Brasilien von Belem und der Para-Region durch das Amazonasbecken bis hinüber nach Süd-Ost-Kolumbien und Nord-Ost-Ecuador, östliches Peru bis herunter nach Nord-Bolivien.

Rasse: Forpus s. eidos

Männchen: Etwas kleiner als Nominatform, ca. 120–125 mm Länge. Das dunkelgrüne Gefieder etwas fahler, aufgehellter, ebenso alle blauen Abzeichen nicht so leuchtend blau wie bei der Nominatform. Stirn, Wangen und Bauchgefieder leicht ins Gelbliche gehend.

Weibchen: Nur an der Größe von der Nominatform zu unterscheiden.

Leider war es mir nicht möglich, lebende Schwarzschnabel-Sperlingspapageien zu sehen. Die Beschreibung erfolgte nach Bälgen im Senckenberg-Museum, Frankfurt, unter freundlicher Mithilfe von Herrn Dr. J. Steinbacher.

Die Rasse *F. s. eidos* lebt nördlich von Franz. Guyana, in Süd-Surinam über Guyana und Süd-Venezuela bis zum Rio Negro in West-Brasilien.

Freileben: Es ist sehr wenig bekannt über diese schöne Art, da die Vögel vorwiegend tropische Zonen mit dichten Wäldern bevorzugen und somit kaum zu beobachten sind.

Nach Berichten von Forschungsreisenden sollen die Sclaters-Sperlingspapageien lediglich in der Para-Region und Umgebung von Belem häufiger vorkommen.

Zucht und Haltung: In Deutschland ist über eine Zucht und Haltung nichts bekannt. Auch von anderen europäischen Ländern liegen keine Zuchtberichte vor. Es sollen 1881 Schwarzschnabel-Sperlingspapageien nach London gelangt sein, ohne daß eine Nachzucht gelungen ist.

Venezuela-Grünbürzel-Sperlingspapagei (F. p. viridissimus).
Rechts: Männchen; vergleiche Aufnahme der geöffneten Flügel Seite 70.

Anhang

Vogelvereine und Verbände

Jedem Vogelliebhaber, ob er nun züchten will oder nur Vögel aus Freude hält, sei der Anschluß an einen Verein oder Verband empfohlen. Er lernt dort nicht nur Gleichgesinnte kennen, sondern erfährt auch immer wieder etwas Neues über seine Liebhaberei. Jede Vogelhaltung ist mit Verantwortungsbewußtsein verbunden, bringt sie doch die Abhängigkeit eines Lebewesens mit sich und damit die Verpflichtung, für dieses Mitgeschöpf nach bestem Wissen und Gewissen zu sorgen.

Die größte deutsche Liebhabervereinigung dieser Art ist die **AZ (Vereinigung für Artenschutz, Vogelhaltung und Vogelzucht e.V.)**; Geschäftsstelle: Günter Wittenbrock, Vor der Elm 1, 2860 Osterholz-Scharmbeck.

Die AZ wurde 1920 gegründet und umfaßt heute über 23000 Einzelmitglieder. Sie ist untergliedert in 5 Arbeitsgemeinschaften, wovon die AGZ (Arbeitsgemeinschaft der Züchter von Papageienarten) in erster Linie für Liebhaber von Sperlingspapageien zuständig ist. Jeden Monat erscheinen die AZ-Nachrichten als Vogelzeitschrift für die Mitglieder. Der Jahresbeitrag von derzeit DM 30,- schließt deren Bezug ein. In den über 300 Ortsgruppen in ganz Deutschland und in den Landesgruppen der einzelnen Bundesländer bieten sich den Mitgliedern sehr enge Kontaktmöglichkeiten. Wie bereits erwähnt, können amtlich anerkannte geschlossene Fußringe von der AZ bezogen werden.

Oben: Blaubürzel-Sperlingspapagei (Rasse: Mexikanischer Insel-Sperlingspapagei – F. c. insularis).
Unten: Größenvergleich Grünbürzel- (links) und Blaugenick-Sperlingspapagei (rechts).

Ein ebenfalls sehr weitverbreiteter Verein mit über 15000 Mitgliedern ist der **DKB (Deutscher Kanarienzüchter-Bund)**. Allerdings handelt es sich hier nicht um Einzelmitglieder, sondern um örtliche Vogelvereine, die im Dachverband des DKB zusammengeschlossen sind. Eine Mitgliedschaft kann nur über die örtlichen Vereine erworben werden. Der Jahresbeitrag ist deshalb variabel. Der DKB hat auch eine Abteilung für Papageienarten, besitzt ebenfalls Ringhoheit und gibt das Fachblatt »Der Kanarienfreund« heraus. Seine Ziele sind im Prinzip dieselben wie die der AZ.

Es existieren in Deutschland noch eine Reihe weiterer Vogelvereine, die auch überörtlich tätig sind, sich aber meist mit gewissen Vogelgruppen beschäftigen wie z.B. mit Europäischen Vögeln, Waldvögeln, Wellensittichen, Prachtfinken, Kolibris, Ziergeflügel usw.

Die meisten dieser Vereine und Verbände sind in einem großen übergeordneten Fachverband zusammengeschlossen, dem **BNA (Bundesverband für fachgerechten Natur- und Artenschutz)**. Es können sich ihm sowohl Verbände und Vereine als auch Einzelmitglieder anschließen. Die Anschrift des BNA lautet: Geschäftsführer: Ulrich Schöttgen, Wilhelm-Ruppert-Str. 20, 5000 Köln 90.

Dieser Verband vertritt in erster Linie die Interessen seiner Mitglieder gegenüber dem Gesetzgeber. Er koordiniert die verschiedenen Einzelinteressen untereinander und nimmt sich der Öffentlichkeitsarbeit für alle an, die in der Zucht von Tieren einen wesentlichen Beitrag zur Erhaltung der Arten sehen. Er bemüht sich vor allem um den Natur- und Artenschutz, von den Vögeln bis zu den Amphibien, um eine möglichst artenreiche Flora und Fauna unserer Nachwelt zu erhalten.

Vogelzeitschriften

Die älteste deutsche Zeitschrift für Vogelliebhaber und Züchter ist zweifellos

Die Gefiederte Welt
Sie wurde 1876 von Dr. Karl Ruß, einem weit über die Grenzen bekannten Ornithologen und Fachbuchautor gegründet, der bis 1897 die Schriftleitung innehatte. Alsdann übernahm Karl Neunzig bis 1938 die Schriftleitung, um sie an Dr. Joachim Steinbacher abzugeben, der bis heute Herausgeber und Schriftleiter geblieben ist, ein wohl einmaliges Phänomen in der Geschichte der Fachzeitschriften.

Anschrift des Herausgebers: Dr. Joachim Steinbacher, Kinzigstr. 47, 6380 Bad Homburg

Verlag: Eugen Ulmer GmbH & Co., Wollgrasweg 41, 7000 Stuttgart 70 (Hohenheim)

Die Gefiederte Welt ist das Sprachrohr für alle, die sich an der Beobachtung, Haltung und Zucht von Vögeln erfreuen. Namhafte Fachleute berichten über Theorie und Praxis. Die Zeitschrift erscheint monatlich und ist reichhaltig mit Farbbildern ausgestattet.

Eine weitere spezielle Zeitschrift für Vogelzüchter, -halter und -liebhaber ist

Die Voliere
Sie erscheint seit 1977 und wird herausgegeben vom *Verlag* M. und H. Schaper, Grazer Str. 20, 3000 Hannover 81

Schriftleitung: Bernd Hachfeld, Mühlenstieg 20, 3355 Kalefeld 1

Die Zeitschrift ist ebenfalls sehr gut ausgestattet, sowohl mit Fachbeiträgen über die gesamte Bandbreite der Vogelwelt als auch mit entsprechenden Farbbildern. Sie erscheint 11 mal jährlich.

Die Vogelzeitschrift mit der größten Auflage ist das Organ der AZ,

AZ-Nachrichten
Sie wird nur an AZ-Mitglieder ausgeliefert und enthält neben einem umfangreichen Anzeigenteil Fachbeiträge, die vorwiegend von AZ-Mitgliedern verfaßt werden. Farbbilder ergänzen den Text. Die AZ-Nachrichten wurden 1848 von dem damaligen AZ-Präsidenten Leopold Keidel wieder ins Leben gerufen, nachdem das erste Organ der AZ »Vögel ferner Länder«, das seit 1925 unter der Schriftleitung von Dr. Dunker existierte, sein Erscheinen vor dem 2. Weltkrieg einstellen mußte. Der derzeitige Schriftleiter der AZ-Nachrichten ist Theo Pagel. Die AZ-Nachrichten erscheinen monatlich.

Herausgeber: Vereinigung für Artenschutz, Vogelhaltung und Vogelzucht e.V. (AZ), Vor der Elm 1, 2860 Osterholz-Scharmbeck.

Eine Zeitschrift deren Bezug mit der Verbands-Mitgliedschaft verbunden ist, die jedoch auch extra bezogen werden kann, ist das Organ des DKB

Kanarienfreund
Verlag: Hanke Verlag GmbH, Postfach 1040, 7530 Pforzheim

Diese Zeitschrift, die halbmonatlich erscheint, berichtet vorwiegend über Kanarienvögel, entsprechend der Fachabteilung des Verbandes aber auch über Sittiche und Papageien.

Als Fachzeitschrift für das gesamte Gebiet der Kleintierzucht erscheint zweimal im Monat das Organ des Bundes Deutscher Rassegeflügelzüchter e.V.

Geflügel-Börse
Verlag: Verlag Jürgens KG, Postfach 1529, 8034 Germering 1

Sie erscheint mit einem größeren Anzeigenteil und enthält Fachbeiträge, die jedoch vorwiegend der Zucht und Haltung von Nutzgeflügel gewidmet sind.

Das Organ der Exotis, der größten Schweizer Vogelliebhabervereinigung ist die Zeitschrift

Der Gefiederte Freund
Der Bezug ist an die Mitgliedschaft gebunden.

Schriftleitung: Josef Zehnder, Friedaustr. 1, CH 9006 St. Gallen.

Literaturverzeichnis

Bücher:

Aeckerlein, W.: Die Ernährung des Vogels. Eugen Ulmer Verlag, Stuttgart 1986.

Arndt, T.: Südamerikanische Sittiche. Horst Müller Verlag, Walsrode 1983.

Enehjelm, C. af: Sittiche. Franckh'sche Verlagshandlung, Stuttgart 1979.

Forshaw, I. M.: Parrots of the World. Doubleday & Co, New York 1973.

Grahl, W. de: Papageien, 8. Auflage. Eugen Ulmer Verlag, Stuttgart 1985.

– Papageien unserer Erde, 2 Bände. Eigenverlag, Hamburg 1973.

– Atlas Papageien und Sittiche der Welt. Verlag Horst Müller, Walsrode 1982.

Kolar, K./Spitzer, K. H.: Großsittiche. Eugen Ulmer Verlag, Stuttgart 1982.

Low, R.: Das Papageienbuch, Verlag Eugen Ulmer, Stuttgart 1983

Reichenow, A.: Vogelbilder aus fernen Zonen – Papageien. Verlag Gottfried Hélène, Pfungstadt. 1955 Neuauflage.

Ruß, K.: Die fremdländischen Stubenvögel – Papageien. Creutz'sche Verlagsbuchhandlung, Magdeburg 1881.

Vane, E. N. T.: Guide to Lovebirds and Parrotlets. Iliffe Books LTD, London 1958.

Wolters, H. E.: Die Vogelarten der Erde. Verlag Paul Parey, Hamburg Berlin 1975–1982.

Zeitschriften:

AZ-Nachrichten: Organ der Vereinigung für Artenschutz, Vogelhaltung und Vogelzucht (AZ) e. V., Osterholz-Scharmbeck

Die Gefiederte Welt: Eugen Ulmer Verlag, Stuttgart

Gefiederter Freund: Organ des Schweizer Verbandes Exotis, St. Gallen

Die Voliere: Verlag M + H Schaper, Hannover

Kanarienfreund: Hanke Verlag, Pforzheim

Bildquellen:

Dieter Hoppe: Seite 19 und 20

Hans Reinhard: 9, 29, 39, 49, 50 oben, 59 und 60 oben

Karl Heinz Spitzer: Seite 10, 30, 40, 50 unten und 60 unten

Sachregister

ZUR FREUDE AN GEFIEDERTEN FREUNDEN

Damit Menschen, die ein ernsthaftes Interesse an gefiederten Freunden haben, in Kontakt kommen. Die Gefiederte Welt ist das Sprachrohr für alle,

die sich an der Beobachtung, Haltung und Zucht von Vögeln erfreuen. Freunde der Vogelwelt berichten über Erfahrungen aus Theorie und Praxis und über Beobachtungen in der Verhaltensforschung und Zucht bedrohter Vogelarten. Berichte über Ursachen, Erkennung und Bekämpfungsmaßnahmen bei

Vogelkrankheiten, Umwelt- und Vogelschutzprobleme, ornithologische Forschungsergebnisse aus erster Hand fördern den direkten Kontakt und Erfahrungsaustausch der Leser untereinander.

Zum Kennenlernen senden wir Ihnen gerne ein Probeexemplar:

Die Gefiederte Welt
Wollgrasweg 41
7000 Stuttgart 70
Telefon (0711) 4507-108

Die Gefiederte Welt